AF465369

V

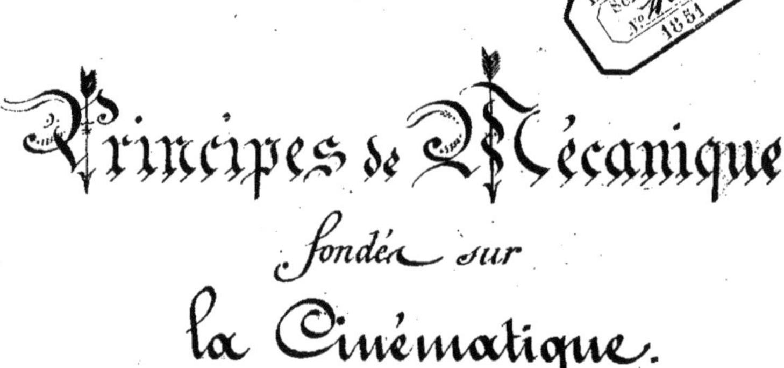

par M. de St Venant,
Ingénieur en chef des Ponts et Chaussées, Professeur de Génie rural à l'Institut national agronomique, Membre de la Société philomathique de Paris, Correspondant de la Société d'agriculture de Loir & Cher.

Prix : 3f 50c.

à Paris chez { Bachelier, Quai des Augustins, 55.
Carilian Gœury et Vor Dalmont, Quai des Augustins, 49.
L. Mathias (Augustin) Quai Malaquais, 15.

1851

Litographie de Noyer, avenue de St Cloud, 19, Versailles.

Table des matières.

Chapitre 1er. Objet, et division.

Chapitre 2e. Cinématique ou Étude géométrique des mouvemens. — Cinématique d'un point matériel.

§. 1er. Déplacemens considérés sans avoir égard au temps.

§. 2e. Déplacemens ayant égard au temps. — Vitesses et accélérations dans le mouvement rectiligne. — Chûte et ascension verticales des corps pesants.

Chap. 4e.

Chapitre 6e. Suite de la Dynamique. Travail et puissances vives.

N°s. **Chapitre 7e. Suite de la Dynamique. — Applications du principe du travail et des puissances vives. — Machines en général. — Points, lignes et surfaces sensiblement fixes. — Rotations. — Pendules.** Pages.

Chapitre 8e. — Statique.
Équilibre. — Vitesses virtuelles. — Conditions nécessaires que les forces extérieures doivent remplir pour être équilibre sur tous les systèmes. — Leur réduction à six équations. — Comment elles sont suffisantes pour un système solide. — Forces équivalentes. — Résultantes statiques; Forces parallèles; couples. — Application du principe des vitesses virtuelles aux machines simples.

Fin de la Table.

Fautes à corriger.

Pages 3. Avant-dernière ligne du chapitre 1.er, effacez : du cours.

4. Ligne 9.e MC, lisez MB ; R, lisez r.

11 au milieu $(1+i)^2 - 1 = 2i + c^2$, lisez $+ i^2$ au lieu de $+ c^2$.

12 au milieu (Voyez Chap.e 6.e ou 7.e) mettez n.o 131 au lieu de ou 7.e

15 3.e ligne en remontant, effacez au fond.

18 En marge. Expériences provenant la continuité, lisez : prouvant.

34 ligne 5.e, AB, lisez A′B.

45 au milieu, en faisant les sommes algébriques des, lisez : la somme.

47 9.me ligne en remontant $\frac{(24)^2}{12}$, lisez : $\frac{(2h)^2}{12}$.

48 1.re ligne, effacez : ou solide.

52 4.e ligne en remontant : solides, lisez : invariables.

57 1.re lignes, en un nouveau O lisez O_1.

59 Ligne 5.e : lorsqu'il, lisez, lorsque le bateau.

67. 5.e ligne en remontant R lisez $\mathcal{R}$; F lisez $\mathcal{F}$.

68 Lignes 2.e, 3.e et commencement de 4.e ; R lisez $\mathcal{R}$.

Ligne 11 : F, R, lisez $\mathcal{F}$, $\mathcal{R}$.

13 : Idem

14 : R lisez $\mathcal{R}$.

71. au milieu (N.o 81) et. Effacez et.

79 au milieu : par son accélération totale ou effective dans l'espace, lisez : par l'accélération totale ou effective du mobile dans l'espace.

83. Ligne 1.ère, effacez : du cours

97 Ligne 7.e, membre le effacez : le.

103 6.e Ligne en remontant : $m'S$, lisez $n'S$.

112 3.e Ligne en remontant, MA_1 et MA_0 ; lisez OA_1 et OA_0.

121 11.e ligne en remontant, opposés de ceux, lisez opposés à ceux.

125 au milieu, $-\frac{m}{2}(V-v)^2 + \frac{M'}{2}(V'-U)^2$; mettez le signe − à la place du signe +.

145 Dernière ligne du 1.er alinéa de la note : pui par ; lisez : puis par.

Principes de Mécanique fondés sur la Cinématique par M.r de S.t Venant.

Modifications et additions à faire. (Couper et annexer à chaque page désignée.)

Page 16.

Complétez la note du bas, en ajoutant ceci :

seront inclinées sur la tangente dans le sens qu'indique la figure, lorsque la courbure sera plus forte à gauche de M qu'à droite. Elles lui seront perpendiculaires, et les deux points n, n' seront également distants de M quand la courbure sera la même des deux côtés.

Page 40.

Remplacez (pour simplifier) les sept lignes formant le dernier alinéa de la page, par ceci :

En effet, d'après ce qu'on a vu au N.° 147, la résultante des distances du centre de gravité général O, au centre de gravité O' du groupe, est la distance OO' répétée autant de fois qu'il y a de points dans ce groupe, ce qui est précisément ce qu'on aurait si tous ces points étaient réunis en O'.

Page 102.

Mettez, après le 14.e alinéa, le renvoi (1), et mettez cette note au bas de la page.

(1) Il est bien entendu que lorsqu'il y a des points fixes (ou sensiblement fixes, N.os 95, 152) exerçant des actions considérables sur les points du système en mouvement, l'équation des puissances vives pour des mouvemens de centres de gravité ne peut être utilement posée qu'autant que l'on connaît d'avance et pour chaque instant, les intensités et les directions de ces actions extérieures, ou au moins de leurs résultantes (comme on verra pour les frottemens, N.os 140 à 143). Lorsque cette connaissance manque, mais que l'on sait que le travail des actions moléculaires dont nous parlons est nul ou négligeable <u>pour les mouvemens réels</u>, c'est pour ces derniers mouvemens que l'équation des puissances vives doit être posée pour conduire à déterminer le mouvement du système. C'est ce qu'on verra pour le mouvement du <u>pendule composé</u> (N.° 156) : on ne tirerait rien de l'équation des puissances vives posée pour le mouvement du centre de gravité de ce pendule, parceque l'intensité et la direction de la réaction du point ou de l'axe de suspension ne peuvent être connues que lorsque l'on a déjà déterminé le mouvement cherché.

1851.

Principes de Mécanique

fondés sur la Cinématique (1)

par M. de St Venant,

Ingénieur en chef des Ponts et Chaussées, Professeur de Génie rural à l'Institut national agronomique, Membre de la Société philomathique de Paris, Correspondant de la Société d'agriculture de Loir et Cher.

Chapitre 1er — Objet, et division.

Mouvement absolu.
Mouvement relatif.

1. <u>La Mécanique</u> traite <u>du mouvement</u> des corps ou du changement de place de leurs points.

Si le changement dont on s'occupe n'a lieu que par rapport à un système solide, tel qu'un navire ou tel que notre globe terrestre, le mouvement est dit <u>relatif</u> à ce système de rattachement dont les parties sont supposées conserver entre elles des distances invariables.

Le mouvement est dit <u>absolu</u> lorsqu'il consiste dans le changement de ce

---

(1.) Ce petit traité n'est pas la reproduction des leçons que j'ai été dans le cas de faire en 1851. Elles ont été beaucoup moins développées quant à l'établissement des principes et des théorèmes généraux, afin de passer plutôt aux applications pratiques.

emplacements, de ces lieux absolus dont nous admettons l'existence dans l'espace indéfini, indépendamment de tout système matériel. (1.)

Les mouvements dont nous nous occuperons ci après seront censés absolus lorsque nous n'exprimerons pas le contraire.

Division de la Mécanique. Cinématique. Dynamique. Statique.

2. On sait qu'un corps ne passe pas d'un endroit à un autre instantanément, comme s'il cessait d'exister dans le premier endroit pour renaître incontinent dans le second. Il arrive de l'un à l'autre en un certain temps et avec continuité, c'est à dire par une suite de positions intermédiaires et infiniment voisines, et en obéissant aux lois de la géométrie des lignes droites ou courbes.

Nous envisagerons d'abord les mouvements sous ce seul aspect, ou d'une manière purement géométrique et indépendamment des lois physiques qui règlent les circonstances dans lesquelles tel ou tel mouvement se produit. Nous établirons ainsi les principes les plus généraux de cette partie de la Mécanique appelée par Ampère, cinématique.

Après avoir, dans un premier paragraphe, considéré les divers déplacements d'un point sans égard aux temps pendant lesquels ils s'exécutent, ce qui permet déjà d'établir les lois de leur composition et de leur décomposition, nous introduirons la considération du temps et nous étudierons les vitesses et les accélérations dans le mouvement soit rectiligne, soit curviligne d'un seul point, et ensuite, leurs moyennes pour les systèmes d'un nombre quelconque de points dont nous aurons déjà, ainsi, à considérer géométriquement les centres de gravité.

(1.) Nos sens ne nous montrent que des changements de distance entre des points matériels et ne peuvent nous révéler en rien si un point est en repos ou en mouvement absolu dans l'espace.

Mais en nous aidant du raisonnement, et du sentiment intime que nous avons de la simplicité des lois générales de l'Univers, nous pouvons en savoir un peu plus sur ce mouvement.

L'observation a appris que les mouvements qui ont lieu par rapport à un certain système dont les points de rattachement sont pris sur la voûte céleste, se succèdent suivant des lois plus simples que les mouvements par rapport à tout autre système qui a, comme la terre par exemple, une rotation dans celui ci. On a remarqué en effet que, pour calculer complètement la suite des mouvements relatifs à la terre, il faut, outre ce qui résulte des lois s'observant dans les mouvements célestes, tenir compte d'un élément de plus, qui dépend précisément de la rotation dont on parle.

Nous en inférons que le mouvement absolu (s'il existe, comme nous sommes naturellement et presque irrésistiblement portés à l'admettre) est le mouvement par rapport aux points de la voûte du Ciel ou qu'il n'en diffère que par ce qui pourrait résulter d'une translation générale de ces points sans rotation.

Après cette explication ou cette réserve, que nécessitait un établissement exact des définitions, et qui sera plus facilement comprise lorsqu'on sera arrivé plus loin, hâtons nous de dire que dans les applications usuelles, on peut traiter et calculer constamment les mouvements relatifs à la terre comme des mouvements absolus.

Passant ensuite à l'étude des lois physiques du mouvement, qui peuvent être réduites, dans ce qu'elles ont de plus général, à une seule grande loi susceptible d'être énoncée sans parler des *forces*, nous en déduirons, en introduisant la terminologie qui résulte de la considération de celles-ci, les principes de la *dynamique* et nous les appliquerons presque immédiatement aux théorèmes *des quantités de travail* sur un système moléculaire quelconque, en montrant aussitôt comment on en fait usage. Puis, comme cas particulier, nous donnerons les principes de la *statique*, ou science de l'équilibre, en envisageant toujours *les forces* au point de vue de *leurs effets*, c'est à dire des mouvements qu'on les suppose capables de produire, et qui se composent ensemble ou qui se neutralisent mutuellement.

L'hydraulique viendra ensuite, et une autre partie du cours traitera des machines et des constructions.

Chapitre 2ème. — Cinématique, ou étude géométrique des mouvements.

Cinématique d'un point matériel.

§. 1er. Déplacements considérés sans avoir égard au temps.

Résultantes & composantes.

3. Définitions. Lorsqu'un point d'un corps, parti d'un lieu M, a éprouvé successivement divers déplacements MA, AB, BC, CD, on appelle déplacement *résultant* la droite MD qui est tirée directement de sa position initiale à sa position finale, ou qui ferme le contour polygonal MABCD. Les déplacements MA, AB, CD sont appelés *composants*.

Cette même droite MD ou toute autre *r* qui lui est égale et parallèle, est appelée généralement *résultante* de droites *a*, *b*, *c*, *d* données où l'on veut, mais ayant respectivement les grandeurs & les directions des côtés MA, AB, BC, CD du polygone complété par MD tiré de M en D ; ces droites *composantes* étant supposées avoir les sens indiqués par des bouts de flèche, et qui sont ceux de M en A, de A en B &c. suivant lesquels le chemin polygonal serait parcouru par un point partant de M et arrivant en D. On sait que deux droites sont dites avoir même *direction* lorsqu'elles sont parallèles, en sorte que MA est supposé parallèle à *a*, AB à *b*, &c.

comme & parallélipipède des composantes.

S'il n'y a que deux lignes composantes *a* et *b*, la ligne résultante *r* peut être regardée à volonté comme le troisième côté du triangle obtenu en les plaçant bout à bout, ou comme *la diagonale du parallélogramme*, construit sur deux lignes tirées du même point M, et ayant leurs grandeurs, leurs directions & leurs sens.

S'il

S'il y a trois composantes A, B, C, il est également facile de voir que leur résultante R est la diagonale du parallellipipède construit sur elles après les avoir tirées par un même point M.

Compositions et Décompositions.

4. Définitions. Composer ensemble deux ou plusieurs lignes c'est construire leur résultante. Réciproquement, décomposer une ligne en d'autres, c'est trouver des lignes satisfaisant à des conditions données, et qui, composées ensemble, donnent la première.

Par exemple, décomposer r en deux lignes dont l'une, a, est donnée, c'est trouv celle b qui, étant composée avec a, donne r. On obtient b, soit 1° en fermant par la ligne AC le triangle CMA qui est construit avec MC = r et MA = a, tirés du même point M ; ou bien 2° en menant la diagonale MC du parallelogramme construit sur R sur MA' = −MA, c'est à dire sur MA' de même longueur que MA, mais portée dans un sens contraire, car on regarde comme négative, ainsi qu'on fait en algèbre, une quantité de sens opposé à celle que l'on compte positivement.

Théorèmes sur les résultantes et les composantes

5. On déduit de là ce théorème :

Théorème 1er. Si deux lignes a et b ont r pour résultante, l'une quelconque des composantes, b par exemple, est résultante de r avec −a ou avec l'autre prise avec un si e contraire

On a encore sur les composantes et les résultantes, ces théorèmes dont on fait u fréquent usage :

Théorème 2e. La résultante de plusieurs droites a, b, c, d est la même quel soit l'ordre dans lequel on compose celles ci, par un contour polygonal, pour obtenir celle là. En effet, un point mobile arrive aussi bien de A en C en suivant le chemin AKC se composan de AK = c et KC = b qu'en suivant le chemin ABC se composant de AB = b puis BC = c ; on peut donc intervertir l'ordre de deux lignes composantes contiguës, ce qui conduit de proche en pro à opérer à volonté toutes les permutations possibles entre les lignes composantes sans ch la résultante.

Théorème 3e. Si, sans c les directions des con rosantes, on les multiplie ton par un même nombre m entier ou fractionnaire, la résultante a mêmes direction et sens, m est multipliée par le même nombre m. Car le polygone construit sur les composantes m fois plus grandes aura tous ses côtés parallèles et proportionnels à ceux du polygone construit sur les premières composantes.

Théorème 4e. La résultante de plusieurs résultantes est la même chose que résultante générale de leurs composantes. En effet, par exemple, la résultante de MB qui est résultante de MA et AB, et de BD qui est résultante de BC et CD, est bien MD, résultante de M AB, BC, CD. Donc &c...

Gains géométriques. Grandeurs linéaires partielles et totales.

6. Ces théorèmes, et d'autres encore, font voir de nombreuses ressemblances entre les résultantes de lignes et les sommes de nombres.

Nous les appellerons donc, quelquefois, de noms analogues.

Ainsi, lorsque nous raisonnerons sur des quantités linéaires qui varient en direction comme en longueur, nous assimilerons souvent le changement de celle $a = MA$, par exemple, en celle $a' = MA'$, à une augmentation, à un gain qu'elle a éprouvé, et dont la valeur est de AA'.

Ainsi : Définition. Le gain, l'accroissement géométrique éprouvé par une ligne variable est ce qui, composé avec ce qu'elle était, donne pour résultante ce qu'elle est devenue.

Si, de MA', la ligne dont nous avons parlé, redevenait MA, elle aurait gagné $A'A = -AA'$, ou, comme on dit quelquefois, elle aurait perdu AA'.

Les Géomètres emploient, depuis longtemps, ces désignations pour l'énoncé commode de certains théorèmes de mécanique. (1.) Leurs travaux récents montrent de plus en plus la nécessité d'étendre les dénominations analogiques de ce genre, si l'on veut introduire dans la science des simplifications devenues indispensables.

Nous assimilerons donc quelquefois une résultante de lignes à un tout, et les composantes à ses parties, bien que la résultante puisse avoir une longueur plus petite que les composantes. Lorsqu'il s'agira, par exemple, de la construction, au moyen de leurs composantes, de certaines lignes qui jouent un rôle très important en mécanique, et que nous connaîtrons bientôt sous le nom d'accélérations, nous appellerons souvent accélération partielle l'une quelconque des lignes composantes & accélération totale leur résultante. Ainsi MD du N.° 3 peut être appelé déplacement total, et MA, AB......... déplacements partiels du point mobile que l'on considère. (2.)

(1.) Elles ont été introduites en 1783 par Carnot dans son Essai sur les machines dont la deuxième édition a paru en 1803 sous le titre Principes d'équilibre et de mouvement (Voir son article 40).
M.r Poisson et les autres auteurs de traités de Mécanique publiés depuis, s'en servent principalement pour le principe de D'Alembert, qu'ils énoncent par des considérations de mouvements gagnés ou perdus.

(2.) Plusieurs auteurs anglais, allemands et italiens poussent plus loin l'usage des désignations analogiques. Ils emploient les signes + et − pour indiquer les compositions & décompositions de lignes, en sorte que $a + b + c + d = r$, veut dire que r est la résultante de a, b, c, d ; $b = r - a$ signifie que b est la ligne qui composée avec a donne r, ou que b est résultante de r et de $-a$; $a = b = -c$ veut dire que a, b, c ont les mêmes longueurs & les mêmes directions, mais que a et b ont un même sens opposé à celui de c. Cela est commode et ne prête à aucune équivoque s'il est bien convenu que a, b, c, d, r sont des quantités ayant non seulement grandeur mais encore direction et sens.

Voyez : M. Warren. A treatise on the geometrical representation of the square roots of negative quantities (Cambridge 1828). — M. Hamilton. On symbolical geometry (the Cambridge and Dublin mathematical journal 1846) — M. Bellavitis (année 1849 du Raccolta di lettere ed altri scritti &c. publiée à Rome par M. Tortolini).

Déplacements simultanés.

7. Au lieu de déplacements successifs, comme ceux dont nous avons parlé au N.° 3, on considère quelquefois des déplacements *simultanés*.

On dit, par exemple, qu'un point mobile éprouve simultanément ceux a et b lorsqu'il se déplace de la longueur MA = a sur une ligne droite supposée solide, telle qu'une règle, pendant que tous les points de cette droite MA éprouvent, dans l'espace, des déplacements égaux et parallèles à AB = b. Il arrive, ainsi, de M en B, comme il ferait par deux déplacements *successifs* a et b.

C'est ce qui a lieu lorsqu'une bille roule sur le pont d'un bâteau de manière à y parcourir l'espace a tandis que le bâteau descend le cours d'un fleuve dans une autre direction, de manière que tous ses points parcourent des espaces b.

Le point M subirait un troisième déplacement simultané C si, en même temps, les divers points du plan MAB éprouvaient des déplacements qui fussent tous égaux et parallèles à la ligne BC = c, dont la direction peut être hors de ce plan. Son déplacement effectif dans l'espace est MC : il est *résultant* des trois déplacements a, b, c.

Les déplacements dits simultanés se composent, comme l'on voit, de la même manière que les déplacements successifs.

Projection des résultantes et des composantes.

8. Si l'on projette sur une même droite OX la suite des déplacements ou espaces parcourus MA MB, BC, on voit de suite que la projection M'C' du déplacement résultant s'obtient *en ajoutant* ensemble les projections M'A', A'B' qui ont un même sens, et *en retranchant* celles qui, comme B'C', ont le sens inverse.

Les conventions relatives aux signes, si utiles en algèbre, permettent d'exprimer cette double opération comme une simple addition, en regardant comme négatives, et en affectant du signe −, les projections dont le sens est opposé au sens regardé comme direct ; en sorte qu'en appelant, selon l'usage, *somme algébrique*, ce qui résulte de l'addition de quantités affectées les unes du signe + les autres du signe −, on a ce théorème général que nous appliquons aux lignes

Enfin M. Moebius. Ueber die Zusammensetzung gerader linien &c. (Sur la composition des lignes et une nouvelle méthode du calcul des centres de gravité) inséré au journal de Crelle, tome 28, le deuxième de 1844. — M.r Moebius appelle *addition géométrique* la composition de plusieurs lignes, et *somme géométrique* son résultat. — Un mémoire dont un extrait a été inséré aux Comptes rendus de l'Académie des Sciences de Paris à la date du 15 Septembre 1845, (tome XXI page 620) et dont l'auteur ne connaissait pas encore les travaux de M. M. Warren et Moebius, proposait les mêmes appellations et la même notation dans le but principal de simplifier la mécanique.

même qui ne sont point des déplacements.

Théorème. — La projection d'une résultante sur une ligne quelconque est somme algébrique des projections des composantes sur la même ligne.

On l'énonce quelquefois en disant qu'une résultante, estimée suivant une droite O x, est somme algébrique des composantes estimées suivant la même droite, car une droite estimée dans la direction d'une autre droite, n'est autre chose que sa projection orthogonale sur celle ci, prise positivement ou négativement, selon que les sens dans lesquels on les prend sont concordants ou opposés.

Nous pouvons encore faire cette observation :

La projection, soit sur une droite, soit sur un plan, de l'espace parcouru par un point mobile, est la même chose que l'espace parcouru par la projection de ce point; cette projection étant regardée comme un autre point matériel mobile.

§. 2e. — Déplacements en ayant égard au temps. —
Vitesses & accélérations dans le mouvement rectiligne. —
Chûte et ascension verticales des corps pesants.

Temps mesuré. 9. On ne définit pas plus le temps que l'espace. Et de même qu'une distance, une longueur comprise entre deux points, ne peut être évaluée qu'en la comparant à une autre longueur, de même un temps compris entre deux instants, ne peut être mesuré que par le nombre de fois (entier ou fractionnaire) qu'il contient un autre temps pris pour unité.

Il n'en est pas de même des autres quantités que l'on considère en mécanique: elles peuvent être ramenées à des combinaisons d'espace & de temps, et si l'on peut, dans la pratique, les mesurer commodément par leur comparaison avec des quantités de même espèce, celles qui servent ainsi de terme de comparaison ont besoin préalablement d'être elles mêmes connues et exprimées au moyen d'espaces susceptibles d'être parcourus en de certains temps. (1)

(1.) C'est ce qui a lieu, par exemple, pour les vitesses (voyez ci-après), les accélérations, les forces. Disons d'avance (car on ne saurait trop s'en pénétrer) qu'il ne suffit pas pour connaître une force, de la comparer numériquement avec une autre force telle que le poids d'un certain corps; pas plus qu'il ne suffit pour connaître une vitesse de savoir quel rapport elle a avec la vitesse qui est prise par un certain mobile dans un cas facile à reproduire: il faut que l'on puisse arriver à savoir, en mètres & centimètres, l'espace que la vitesse fait parcourir et la vitesse que la force communique en un certain temps.

C'est ce qu'a senti Th. Reid en faisant, dans son Essai sur la quantité, une distinction entre ce qu'il appelle les quantités propres & les quantités impropres (Œuv. compl. trad. par Jouffroy, t. 1er) Il ne reconnait de quantités propres que l'étendue, la durée, le nombre: Ces quantités seules sont, dit-il, leurs mesures à elles mêmes et celles de toutes choses mesurables; et la vitesse, la densité, la force &c. sont, suivant son expression, des quantités impropres.

L'unité de temps adoptée est la seconde, ou la trois mille six centième partie de l'heure qui est elle même la vingt-quatrième partie de la durée moyenne du jour solaire (1). On connait les chronomètres ou les instruments, aujourd'hui généralement fondés sur l'emploi du pendule (voir ci après) qui mesurent les temps en indiquant le nombre plus ou moins grand de secondes qu'ils contiennent. Nous parlerons au N.° 23 d'autres instruments ou appareils à mouvement très rapide, qui permettent d'estimer les temps écoulés quand ils sont de très petites fractions de la seconde, telles qu'un centième, un millième et même un dix millième.

Mouvement uniforme. Vitesse.

10. Considérons donc le mouvement, ou la suite des déplacements d'un point d'un corps, en ayant égard au temps pendant lequel il s'opère toujours. (N.° 2)

Supposons d'abord que ce point matériel parcoure des espaces constamment égaux en des temps égaux, quelque petits que soient ces temps : on dit que son mouvement est uniforme.

Alors, dans un temps double, triple d'un autre temps, il parcourra deux fois, trois fois l'espace parcouru pendant la durée de celui ci.

On appelle sa vitesse le rapport constant de l'espace au temps ou, ce qui revient au même, l'espace qu'il parcourt dans l'unité de temps. (2)

La vitesse s'obtient, ainsi, en cherchant le quotient de l'espace parcouru par le temps employé à le parcourir.

Par exemple, supposons qu'un homme, marchant uniformément, parcoure 6 kilomètres en une heure ; comme nous prendrons constamment le mètre pour unité d'espace et la seconde pour unité de temps, nous aurons pour sa vitesse

$$\frac{6000^{\text{m}}}{3600} = 1^{\text{m}}, 667^{\text{mill}} \text{ par seconde.}$$

Réciproquement, l'espace parcouru est le produit de la vitesse par le temps employé à le parcourir.

---

(1) Il y a, ainsi, 86,400″ dans le jour moyen solaire, ou dans la durée moyenne du temps qui s'écoule entre les instants où le soleil se trouve dans le même méridien qui est un plan passant par l'axe de la terre et par un point déterminé de sa surface. Le jour sidéral pendant lequel la terre fait sur elle même une révolution dont le terme est annoncé par le passage d'une même étoile au même méridien, n'est que de 86.164″,09, ce qui fait une différence de $\frac{1}{365,25}$ de ce dernier jour. L'année moyenne est de 365^J, 256,374 × 86,400″ = 31,558,151 secondes.

(2) La vitesse était, autrefois, considérée comme une qualité temporaire du mobile, un pouvoir dont il était doué, et l'espace parcouru n'était que l'effet de ce pouvoir ou la manifestation et la mesure de cette qualité. On trouve quelque cette opinion dans des passages d'illustres contemporains (Laplace, méc. cél. liv. 1 ; Poisson, méc. 2.e éd.on, art. 112). Aujourd'hui, bien que l'on dise encore figurativement qu'un mobile est animé d'une certaine vitesse, on n'envisage plus guère ces choses occultes. Nous rappelons cependant l'opinion ancienne parceque nous aurons à faire une remarque du même genre relativement aux forces.

En sorte que si une charrue marche avec une vitesse de $0^{mè};90^{c}$ par seconde, elle tracera, en 8 heures, ou 28800", une longueur de sillon de

$$0^{mè};90 \times 28800'' = 25920 \text{ mètres}.$$

(Voici au reste quelques exemples de vitesses :

Un homme en marche	1m 50 ou 1m 667	Un cheval au trot des malles-postes (ou 4 lieues de 4000mèt à l'heure)	4m 44
Un homme courant	7m 00	Idem dans les courses, jusqu'à	16m 00
Un cheval au pas ordinaire (suivant sa taille et sa charge)	0m 60 à 1m 30	Un bœuf, les deux tiers du cheval au petit pas	
Idem au pas allongé	1. 50 à 1m 70	Une hirondelle	30 à 40m 00
Idem au petit trot	2m 22	Un navire, grande vitesse	6m 00
		Un train de chemin de fer (9 à 18 lieues)	10 à 20m 00

Mouvement varié. Loi de continuité à laquelle il obéit.

11. Lorsque le point mobile qu'on considère ne parcourt pas des espaces égaux dans des temps égaux, ou lorsque le mouvement n'est pas uniforme, il est dit *varié*.

Dans tout mouvement varié, les rapports de l'espace au temps, et les rapports même d'espace à espace qui donnent les *directions* des déplacements successifs, sont soumis à la *loi de continuité* (N.° 2) en sorte qu'ils ne peuvent passer d'une grandeur à une autre qu'en un certain temps, et par une infinité de grandeurs intermédiaires, infiniment peu différentes les unes des autres.

La considération de l'infini et de l'infiniment petit est donc absolument nécessaire pour l'exposition de la mécanique. Arrêtons nous quelques instans à en expliquer l'usage.

Élémens infiniment petits.

12. Déjà, en géométrie, même élémentaire, on peut se rappeler que la considération de l'infini est inévitable. Celle de l'infiniment petit ne l'est pas moins. Elle est au fond des considérations de limites, d'exhaustion &c. par lesquelles on cherche quelquefois à l'éluder. Elle entre dans la conception même des nombres incommensurables dont on s'occupe dès l'arithmétique ; et, malgré ce qu'elle a de mystérieux et qui lui est, du reste, commun avec l'idée même de continuité, il est à remarquer que son usage patent & avoué rend les raisonnemens bien plus clairs pour l'esprit, et les recherches incomparablement plus simples que tout ce qu'on a tenté d'y substituer. Toute quantité susceptible de division à l'infini, comme une longueur ou un temps, est regardée sans difficulté comme composée d'une infinité d'élémens infiniment petits, de même nature qu'elle ; et l'on ne peut avoir la pensée de la variation continue d'une grandeur, d'une direction, sans que l'infiniment petit s'y mêle.

Aussi Bezout, l'auteur dont l'étude est la plus facile, n'hésite pas à faire entrer l'infiniment petit, dès la première page de sa Géométrie, dans la définition même de la ligne courbe (1). Et, de nos jours encore, lorsqu'on veut, ou faciliter l'étude de Géométrie pour un auditoire d'ouvriers, ou fixer les conditions de l'admission à un grade littér en ne demandant aux candidats que les plus faciles notions des sciences, on se borne à do ou à exiger les démonstrations de l'aire du cercle, du volume du cône &c. en les considérant c un polygone d'une infinité de côtés infiniment petits, une pyramide d'une infinité de fa infiniment petites &c. Et l'on commence à trouver que cela est tout aussi rigoureux les autres démonstrations.

Nous ne craindrons donc pas l'accusation d'aucune excursion dans le do des mathématiques transcendantes, en faisant usage, dans ce cours élémentaire de mécanique, considération de déplacements ou espaces infiniment petits, et de temps infiniment petits, comp par leur réunion en nombre infini, les espaces & les temps finis.

Nous les représenterons graphiquement, par de petites lignes finies, con dans leurs relations mutuelles, aux théorèmes de la géométrie, et pouvant avoir entre elle rapports numériques quelconques, car un infiniment petit peut être formé par la réunion de de trois, de quatre autres &c.

Leur caractère.

13. Mais ces infiniment petits ont pour caractère particulier de toujours être négligés, quand on veut, devant des quantités finies.

Il est même facile de voir que certains infiniment petits sont néglig devant d'autres, comme étant infiniment plus petits qu'eux.

Par exemple, si BAC est un triangle rectangle dont le côté B fini et dont le côté AC soit infiniment petit, et si AD est une perpend à l'hypothénuse BC, il résulte de la similitude des triangles BAC, AI DC a le même rapport avec AC que AC avec BC. Donc DC est infini petit par rapport à la ligne infiniment petite AC. De même si l' DE perpendiculaire à AC on aurait un segment CE infiniment plu que DC, et ainsi de suite.

Différence entre une droite et sa projection sur une autre droite faisant avec elle un angle infiniment petit.

De là nous pouvons déduire ce théorème qui nous servira plusieurs fois La différence entre l'hypothénuse et le côté fini d'un [illegible] le rectan le son autre côté infiniment petit est négligeable vis à vis de celui ci, comme étant infiniment plus [illegible]

(1.) Une ligne courbe est, dit-il, „ la trace d'un point qui dans son mouvement se détourne peu à chaque pas „. La Commission des études de l'École polytechnique, nommée en 1850, trouve cette définition à toutes celles qui ont été données depuis, bien que Bezout ne se soit nullement astreint à définir préalablement entend par un détour infiniment petit.

14. Au reste, en mathématiques pratiques, ce ne sont pas seulement les quantités infiniment petites qu'on néglige les unes devant les autres ou devant des quantités finies. On néglige aussi, presque continuellement, des quantités qui ne sont que <u>très petites</u> par rapport à d'autres.

C'est le principe de toutes les approximations et de la plupart des simplifications que l'on apporte à la solution des problèmes.

Prenons pour exemple les calculs relatifs à la dilatation des corps solides par la chaleur.

La proportion de cette dilatation est une quantité très petite que l'on peut ordinairement négliger, en sorte qu'on peut attribuer le plus souvent à un solide la même étendue en hiver qu'en été.

Supposons cependant que, pour une question particulière exigeant plus d'exactitude, il faille tenir compte de la différence, et que l'on demande, connaissant la proportion i de la dilatation linéaire d'un corps, quelle est la proportion de l'augmentation de sa superficie ? On dira : chacun des carrés ayant l'unité linéaire pour côté et pour surface l'unité superficielle, dans lesquels on pouvait partager la surface du corps avant sa dilatation, aura, après celle-ci, pour côté $1+i$, et pour surface $(1+i)^2$. La proportion de l'augmentation superficielle est donc $(1+i)^2 - 1 = 2i + c^2$. Mais si i est une quantité très petite par rapport à 1, i^2 est très petit par rapport à i ; on peut donc négliger le deuxième terme du second membre vis à vis du premier. Il reste pour la proportion cherchée de la dilatation superficielle

$$(1+i)^2 - 1 = 2i$$

ou <u>le double de la dilatation linéaire</u>.

Si l'on veut avoir la dilatation <u>cubique</u> ou la proportion de l'augmentation de volume, on n'a qu'à multiplier cette équation par $1+i$; on obtiendra, en effaçant ensuite dans le second membre, $2i^2$ devant $2i$:

$$(1+i)^3 - 1 = 3i$$

La dilatation cubique est, comme l'on voit, <u>sensiblement</u> triple de la dilatation linéaire.

Ainsi le fer, qui, entre les températures de la congélation et de l'ébullition de l'eau, (entre 0 degré et 100 degrés) s'allonge dans la proportion de

0,00122

augmente, en superficie, de

0,00244

de sa superficie primitive ; et, en volume, de

0,00366

de son volume primitif.

Si l'on n'avait rien *négligé* on aurait eu les nombres 0,00244148 et 0,0036644418, qui n'ont, avec ceux qui viennent d'être trouvés, que des différences tout à fait insignifiantes.

Extension. Cas de quantités infiniment petites.

15. Si l'on peut négliger ainsi, approximativement, des quantités très petites par rapport à d'autres, on le peut *rigoureusement* lorsque les premières sont infiniment petites par rapport aux secondes.

Lors donc que i est une quantité infiniment petite, les deux égalités qu'on vient de trouver au numéro précédent, et celle ci, qui est plus générale et qui peut être obtenue de la même manière

$$(1+i)^n - 1 = n\,i$$

sont parfaitement rigoureuses.

Cette égalité est d'un grand usage dans l'application des considé... infinitésimales. Nous aurons à nous en servir dans la recherche des *moments d'inertie* (Voyez Chapre 6me ou 7me). Si, dans d'autres circonstances où elle serait applicable, nous évitons de l'invoquer, malgré la simplicité avec laquelle elle s'établit, c'est qu'alors on peut remplacer son usage par celui de considérations géométriques, aux yeux une image sensible.

Il est facile de démontrer, par une sorte de raisonnement inverse qu'elle a lieu même lorsque l'exposant n est fractionnaire ou négatif, mais nous ne nous y arrêterons pas.

Mouvement rectiligne en général. Sa représentation graphique.

16. Cela posé, revenons au mouvement uniforme ou varié d'un point en le supposant d'abord rectiligne.

Toutes ses circonstances seront connues si, au bout de chaque ... écoulé, l'on connait l'espace total parcouru, ou la distance à laquelle le point mobile se trouve d'un point fixe, pris arbitrairement sur la droite qu'il parcourt.

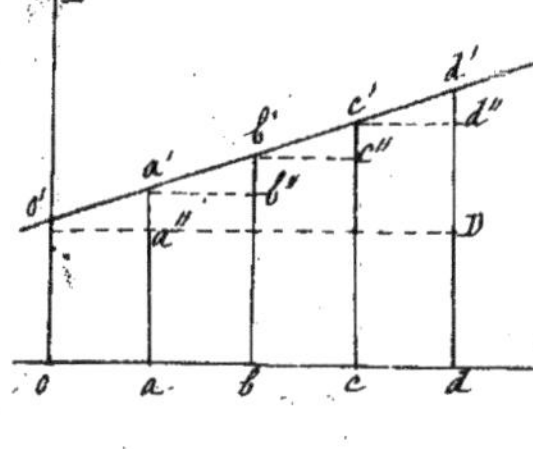

On représentera graphiquement le mouvement en portant, sur une d'abscisses OT, des longueurs O a, O b, O c ...... représentant les temps écoulés depuis un certain instant initial, figuré par le point O et en élevant les ordonnées O o', a a', b b'.... égales ou proportionnelles aux distances correspondantes.

Les différences a'a'', b'b'', c'c''...... entre les ordonnées consécutives a'a et o o', b'b et a'a, c'c et b'b &c. seront les espaces parcourus pendant les portions O a, a b, b c ..... du temps.

Représentations du mouvement uniforme.

17. Si ces portions du temps sont égales entre elles, ainsi que les espaces parcourus correspondants le mouvement sera uniforme (n° 10), et il résulte, alors, de l'égalité des petits triangles O'a'a", a'b'b"... que les points O', a', b', c', d'... seront tous en ligne droite.

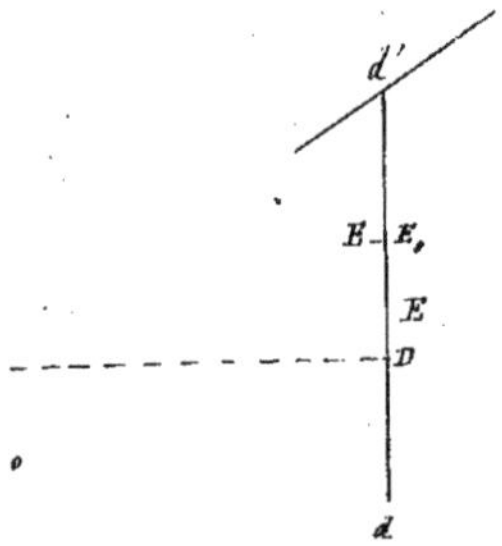

La relation des distances avec les temps dans le mouvement uniforme est donc représentée par une ligne droite.

Le rapport constant $\frac{a'a''}{o'a''} = \frac{d'd - o'o}{o\,d}$ des espaces aux temps pendant lesquels ils ont été parcourus est ce que nous avons appelé la vitesse. Soient donc

V la vitesse

E la distance où le point mobile se trouve du repère fixe O au bout du temps T.

E_0 la distance OO' où il s'en trouvait au moment où l'on a commencé à compter les temps.

On aura $\frac{E - E_0}{T} = V$; d'où cette équation qui exprime aussi la relation en question.

$$E = E_0 + VT$$

On voit qu'un mouvement peut être représenté :

1° Ou par une table numérique de distances & de temps ;

2° Ou par un tracé graphique ;

3° Ou par une équation.

Toute ligne droite, ou toute équation du premier degré, représente un mouvement uniforme.

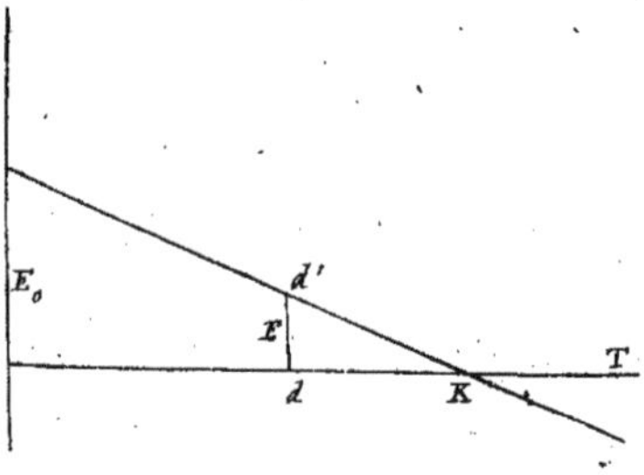

Celui que représente la ligne O'd' de la figure ci-contre ne diffère de celui que représente la ligne de même nom de la figure précédente qu'en ce que le point mobile se rapproche du point fixe à partir duquel on compte les distances, au lieu de s'en éloigner.

Dans ce mouvement rétrograde V est regardée comme négative. Si on la suppose $= -V'$, V' étant positif, l'équation devient

$$E = E_0 - V'T$$

La distance ou l'ordonnée E devient négative lorsque le temps T vient à excéder l'abscisse $OK = \frac{E_0}{V}$: cela indique, simplement, que le point mobile passe de l'autre côté du point fixe pris pour origine des espaces.

Supposons par exemple qu'une voiture partie d'un marché situé à 19,500 mètres d'une ferme, passe, à 1 heure 20 minutes, en retournant à celle-ci, devant une maison située à 12,000 mètres, et, à 2 heures 40 minutes, devant un autre point qui n'en est plus qu'à 6000 mètres, sa vitesse aura été

$$\frac{6000 - 12{,}000}{(2^h\,40') - (1^h\,20')} = \frac{-6000^{mes}}{9{,}600'' - 4800''} = -1^m{,}25 \text{ par seconde.}$$

Son mouvement supposé uniforme est représenté par l'équation

$$E = E_0 - 1{,}25\ T$$

E étant la distance variable où elle est de la ferme, E_0 la distance encore inconnue où elle en était à midi, qui est l'instant depuis lequel on compte le temps.

Mettant pour E et T, dans cette équation, les valeurs 12000 et $1^h\,20' = 480$[illegible] elle donne

$$E_0 = 18000^{mes}$$

D'où il résulte que

1° Quand $E = 0$, on a $T = \frac{18{,}000}{1{,}25} = 14400'' = 4$ heures, en sorte que la voiture sera arrivée à la ferme à 4 heures après midi.

2° Quand $E = 19500$ on a $T = -\frac{1500}{1{,}25} = -1200'' = -20'$, d'où l'on conclut que la voiture est partie du marché à midi moins 20 minutes. ~~Ces équations peuvent servir à résoudre des problèmes moins simples, ceux par exemple de rencontres de courriers, que l'on trouve dans la plupart des traités d'algèbre~~

Représentation graphique du mouvement varié, par la courbe des espaces.

18. Si, pour des portions égales $0a$, ab, bc ..... du temps, les espaces successifs $a'a''$, $b'b''$, $c'c''$, $d'd''$ .... sont inégaux, le mouvement est varié.

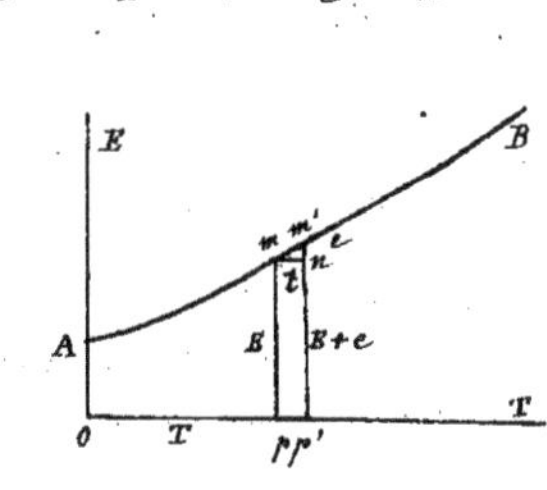

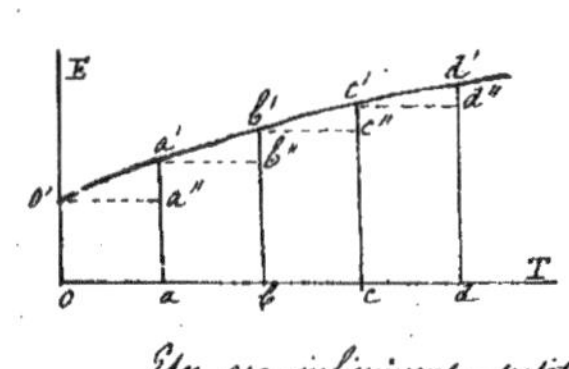

D'après ce que nous avons dit au n° 11, il n'y a, dans la nature, que des mouvements représentables par des lignes continues, ou qui sont non seulement sans interruption, mais encore, sans jarret ni brisures.

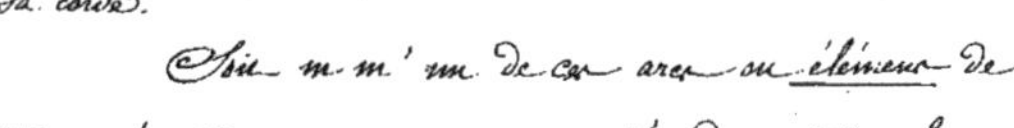

Un arc infiniment petit d'une pareille ligne se confond avec sa corde.

Soit mm' un de ces arcs ou éléments de la courbe AB, représentant un mouvement varié, du reste quelconque, et soient op, op' les abscisses de ses deux extrémités. Le mouvement pendant le temps infiniment petit pp', est représenté par une ligne droite $m\,m'$ et est par conséquent uniforme (numéro précédent).

La vitesse y est mesurée par $\frac{m'p' - mp}{pp'} = \frac{m'n}{pp'}$, mn étant une petite ligne parallèle à l'axe des abscisses.

C'est ce qu'on appelle la vitesse du mobile au bout du temps op.

Ainsi :

Définition : La vitesse, dans tout mouvement varié, est, à un instant quelconque, celle qui a lieu durant un temps infiniment petit qui suit cet instant, et pendant lequel le mouvement peut être regardé comme uniforme. C'est, en d'autres termes, le quotient, par ce temps, de l'espace qui est parcouru pendant sa durée.

Cet espace infiniment petit est l'augmentation de la distance E au point de départ : si on le désigne par e, et si, de même, t est l'accroissement pp' du temps $T = op$, on a, pour la vitesse V :

$$V = \frac{e}{t}$$

Autre expression de la vitesse.

19. On dit, encore, que la vitesse dans le mouvement varié est l'espace rapporté à l'unité du temps infiniment petit pendant lequel il est parcouru.

On entend, par là, l'espace répété autant de fois que l'unité de temps contient ce petit temps, ou l'espace qui serait parcouru pendant l'unité entière si, pendant chacun des temps égaux et infiniment petits dans lesquels on conçoit cette unité divisée, le mobile parcourait des espaces égaux à celui qu'il parcourt pendant celui que l'on considère.

En sorte que, comme le temps t est contenu un nombre $\frac{1}{t}$ de fois dans l'unité de temps (la seconde) on a pour la vitesse

$$V = e \times \frac{1}{t}$$

ce qui est bien la même chose que $\frac{e}{t}$

Observation sur la réduction à l'unité.

20. Cette réduction à l'unité, que nous serons tout à l'heure dans le cas d'appliquer encore à la définition d'une autre quantité non moins importante, n'a rien, au fond, que de très élémentaire. Elle est tout à fait semblable à celle qu'on opère, en arithmétique, pour résoudre les problèmes sur les quantités qui varient proportionnellement. Ainsi, je suppose qu'on ait observé que des

ouvriers font un ouvrage e pendant une fraction t de la journée ; on conclut qu'e la journée entière ils en feront s'ils continuent de travailler de même, une qua $\frac{e}{t}$, ou e multiplié par le nombre de fois $\frac{1}{t}$ que cette petite fraction est contenue dans journée (prise, dans cette question, pour unité de durée). Ce sera, par exemple, $\frac{1}{0,01}$ = fois l'ouvrage mesuré e, si le temps t de l'observation a été le 0,01 ou $\frac{1}{100}$ d la journée.

De même, en mécanique, la valeur d'une vitesse variable s'obti par une *réduction*, un *rapport* à *l'unité* du temps, qui est la seconde, de l'espa parcouru pendant un temps qu'il suffit de prendre assez petit pour que le mouvem puisse être regardé comme uniforme pendant sa durée.

Usage des tangentes aux courbes des espaces pour obtenir graphiquement les vitesses.

21. Lorsque la relation entre les distances ou espaces et les temps donnée par une équation comme celle du n° 17, mais d'une forme quelconque, on peut dédu la valeur de la vitesse par un genre de calcul appelé *différentiel*, nécessaire quand on pousser plus loin que nous ne ferons, l'étude de la mécanique.

Lorsque cette relation est donnée par une courbe AB, comme il d'éviter les erreurs proportionnelles considérables que peut donner le mesurage longueurs très petites, on prolonge, avec une règle, une petite po sensiblement rectiligne M″M′ de cette courbe, ayant au milieu le po qui répond à l'instant p pour lequel on veut avoir la vitesse. Puis, on pr parallèlement aux coordonnées, une certaine longueur CD de la droite qui de ce prolongement, on mesure les longueurs CK, DK de ces projections et l prend, pour la vitesse, leur rapport $\frac{DK}{CK}$, qui est bien égal à celui $\frac{M'n}{Mn}$, vertu de la similitude des triangles CKD, MnM′.

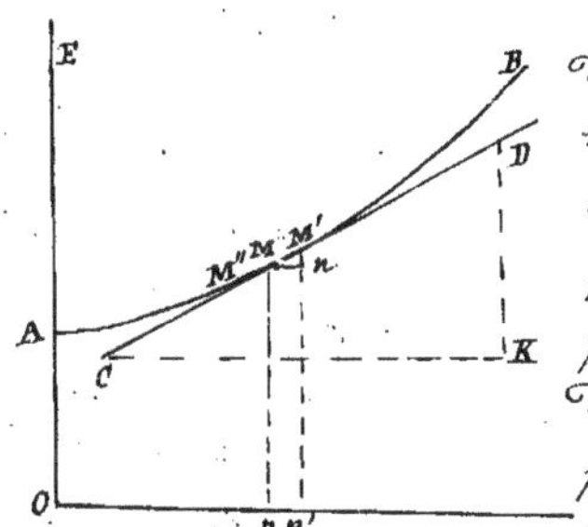

Si CK est l'unité de temps, DK représente la vitesse.

Cette droite CD n'est autre chose que la tangente à la courbe point M, car une tangente n'est que le prolongement d'un élément rectiligne courbe (1). Le rapport $\frac{DK}{CK}$ est ce qu'on appelle sa *pente*, son *inclinaison* sur l

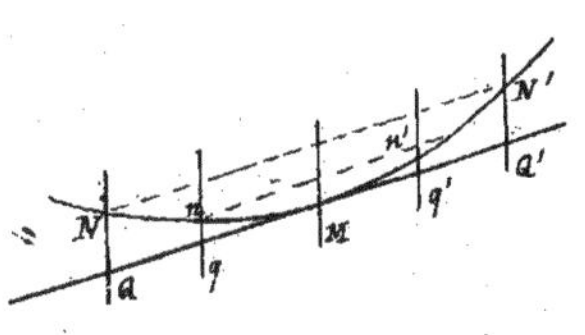

(1.) On sera assuré que la tangente aura très sensiblement sa vraie direct lorsqu'en menant, sous une certaine inclinaison que le tâtonnement fera trouver cinq p équidistantes, dont la troisième passe par le point de contact M, les parties NQ, nq N′Q′ des deux premières et des deux dernières interceptées entre la courbe et la tangente, sensiblement les relations de grandeur NQ = N′Q′ = 4nq = 4n′q′. La portion de NMN′ est alors assimilée à une parabole ayant son axe parallèle à ces cinq lignes.

des abscisses (la même chose que la <u>tangente trigonométrique</u> de l'angle qu'elle forme avec cet axe). Les vitesses dans un mouvement varié représenté par une courbe dont les abscisses sont les temps, et les ordonnées, les espaces, ont pour mesure, comme l'on voit, les <u>inclinaisons</u>, les <u>pentes</u> de la courbe, ou de ses tangentes, sur l'axe des temps.

…rection graphique des erreurs d'observation.

22. Lorsque les distances & les temps correspondants sont donnés par une table numérique de résultats d'observations, ce qu'il y a de mieux à faire est de construire la suite des points qui ont ces nombres pour coordonnées et de tracer une courbe continue qui, si elle ne peut passer par tous, s'en rapproche le plus possible, sans cesser d'avoir des contours simples, en sorte qu'elle corrigera & compensera les uns par les autres les écarts provenant de l'erreur inévitable des observations. Les inclinaisons des tangentes menées graphiquement à cette courbe représentant approximativement la loi du mouvement dont on s'occupe, donneront la suite des vitesses.

…pareils à style.

23. Au lieu d'obtenir expérimentalement les lois des mouvements des corps en mesurant les espaces parcourus et en comptant les temps écoulés, on peut se servir d'appareils à style qui tracent directement des courbes représentatives de ces mouvements.

Le plus simple de tous consiste dans une large bande de papier qui se meut uniformément dans un sens perpendiculaire à la ligne suivie par le corps dont on veut connaître le mouvement, et qui reçoit le tracé d'un style, tel qu'un crayon, ou un pinceau imbibé d'encre de la chine, porté par ce corps.

Supposons, par exemple que le papier se soit mu horizontalement de A vers B, et le corps verticalement de A en C. La courbe B C tracée sur le papier dont le point B se trouvait en A au moment du départ du corps, aura des abscisses BP, BP', ... BA proportionnelles aux temps écoulés, et des ordonnées PM, P'M'.... AC égales aux espaces parcourus par le corps. Elle représentera donc le mouvement, comme celles dont nous avons parlé aux n.os 16, 17, 18, 19.

Si le papier parcourt, par exemple, un mètre par seconde, comme il est facile d'y lire les fractions de millimètre, on aura évalué des temps moindres qu'un millième de seconde.

Comme

Cylindre vertical.

Comme il serait incommode de faire cheminer ainsi une grande feuille de papier, on l'enroule sur un cylindre vertical qui tourne d'angles égaux dans des temps égaux, et le pinceau descend le long d'une des arêtes du cylindre. L'effet est le même, la courbe BMC s'obtient en déroulant le papier.

Plateaux tournans.

Comme une bande de papier très haute est encore d'un maniement p[eu] commode, on attache, au corps qui se meut, un fil enroulé sur une poulie dont un des points est armé latéralement d'un style, et l'on reçoit la trace de celui ci sur un pla[teau] circulaire parallèle à la poulie, mais tournant rapidement autour d'un axe différent. Il en résulte une courbe contournée, mais qui indique la série des angles décrits, et par [suite] les espaces parcourus et les temps correspondans. (1.)

Expériences prouvant la continuité.

24. C'est même ainsi que l'on peut s'assurer directement que la génération et le changement des vitesses obéit à la loi de continuité. S'il s'agit, par exemple, d'un corps qui tombe naturellement, on remarque que la courbe tracée sur le papier mû horizontalement est tangente, au point de départ B, avec l'horizontale AB ; la vitesse, nulle initialement, n'a donc pris une valeur finie que dans un temps fini.

Pour le choc de deux corps durs, qui est le phénomène où le changement de la vitesse est le plus brusque et le plus instantané en apparence, l'emploi du plateau [tournant] circulairement avec une grande vitesse montre que ce changement est graduel et exige un certain temps que M. Morin a mesuré dans des cas variés. On peut s'en a[ssurer] aussi, lorsqu'on ne vise pas à mesurer le temps, en enduisant le corps choquant d'une matière grasse en couche mince et en saupoudrant le corps choqué d'une poussière colorée; les deux corps, supposés sphériques, porteront tous deux, après le choc, une tache circul[aire] notablement plus étendue que celle qui est produite par un simple contact sans communication de vitesse. Il y a donc eu compression mutuelle, et, par conséquent, déplacement de parties pendant cette communication qui a nécessairement exigé, ainsi, un certain temps fini, car il en faut un pour tout changement de place d'un point matériel. (N° 2.)

Ligne des vitesses. Mouvement uniformément varié. Accélérations.

25. Lorsqu'on a trouvé toutes les vitesses, comme nous avons dit Nos 17 à 19, on peut représenter la suite de leurs grandeurs en construisant une c

(1.) On donnera, dans une autre partie du cours, la description des appareils, et celle des moyens graphiques de déduire expéditivement les espaces et les temps des données fournies par les courbes obtenues.

nouvelle ligne ayant toujours les temps pour abscisses, et, pour ordonnées, non plus les espaces *mais les vitesses* qui ont lieu au bout de chaque temps.

Si cette ligne est une droite AB parallèle à l'axe des abscisses, la vitesse est constante et le mouvement est uniforme.

Si c'est une droite inclinée AB, *la vitesse croît de quantités égales dans des temps égaux*, car si l'on a $oa = ab = bc = \ldots$, et si Aa'', $a'b''$, $b'c''$..... sont des parallèles à l'axe des abscisses, on a $a'a'' = b'b'' = c'c'' = \ldots$

On dit alors que le mouvement est *uniformément accéléré*.

Le rapport constant $\frac{a'a''}{oa}$, ou $\frac{d'd - Ao}{Od}$, du gain de vitesse au temps pendant lequel il est acquis, s'appelle *l'accélération*. (1)

L'accélération a aussi pour mesure, d'après cette définition, *le gain de vitesse pendant l'unité de temps*, car si la partie Od de l'axe des abscisses représente cette unité, le quotient de l'augmentation de vitesse par $Od = 1$ n'est autre chose que cette augmentation elle même.

Soient j l'accélération et V la vitesse acquise au bout du temps T, on a, ainsi $j = \frac{V}{T}$, d'où

$$V = jT.$$

La vitesse acquise est le produit de l'accélération par le temps.

Si V est la vitesse au bout du temps T, et V_0 la vitesse *initiale*, ou la grandeur OA de la vitesse que possédait déjà le mobile au moment où l'on a commencé à compter les temps, on aura $j = \frac{V - V_0}{T}$, d'où l'équation :

$$V = V_0 + jT,$$

qui est, du reste, celle de la ligne droite AB.

Si la vitesse va décroissant, le mouvement est appelé quelquefois *uniformément retardé*. (2) Mais on se sert rarement de cette expression. La généralité qui

(1) On appelait encore, il y a peu de temps, cette quantité *force accélératrice*, toujours au point de vue de la physique des anciens, qui s'occupait de causes plutôt que de faits & de leurs lois (V. note du N°. 10)

(2) On dit quelquefois qu'un mouvement est accéléré ou retardé selon que les courbes des

résulte de l'usage des signes et des conventions de l'algèbre permet de comprendre ce cas dans le précédent et d'appeler uniformément *accéléré* tout mouvement *uniformément varié*, ou pour lequel la vitesse varie proportionnellement au temps, *en regardant l'accélération comme tantôt positive tantôt négative*. L'équation $V = V_0 + jT$ y est toujours applicable : seulement lorsque j a pour valeur une quantité négative $-j'$, on peut l'écrire :

$$V = V_0 - j'T.$$

La vitesse devient nulle quand le temps est arrivé à une valeur $\frac{V_0}{j'} = OK$; ensuite, *cette vitesse V devient négative*, ce qui veut dire, comme on a vu au n°. 16, que le point mobile après s'être mû dans un certain sens, rétrograde et se meut dans le sens inverse, en se rapprochant du point fixe à partir duquel on comptait les distances, et dont il avait commencé par s'éloigner. C'est ce qui arrive pour une pierre qu'on lance verticalement et qui retombe après avoir monté ; c'est ce qui a lieu aussi, d'une manière périodique, dans les mouvements de *va-et-vient* comme celui du piston d'une pompe.

Accélération dans un mouvement rectiligne quelconque.

26. Si la vitesse varie de quantités inégales dans des temps égaux ou si les points construits avec les temps pour abscisses *et les vitesses pour ordonnées* (N°. précédent) ne sont pas en ligne droite, le mouvement varié ne l'est pas *uniformément*.

Nous supposerons que la suite de ces points forme une courbe toujours continue ou sans jarrets (N°. 11, 18). Une portion infiniment petite mn d'une pareille courbe se confond avec une ligne droite ; le mouvement est donc uniformément accéléré pendant le temps $pp' = mn$ écoulé entre les deux instants infiniment voisins, où la vitesse a été successivement pm et $p'm' = p'n + nm'$. L'accélération est le quotient $\frac{m'n}{mn}$.

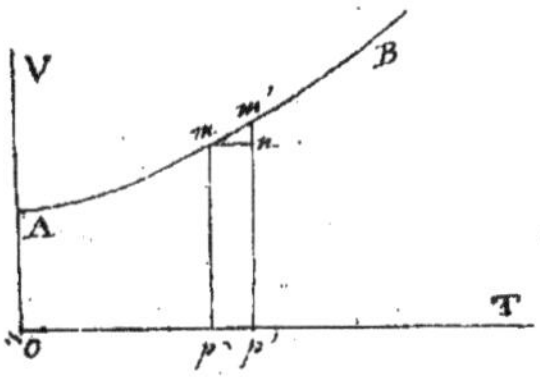

Ainsi :

Définition. *L'accélération, dans un mouvement varié rectiligne quelconque, est, à un instant donné, le rapport de la vitesse gagnée dans un temps infiniment petit qui suit cet instant, à la durée de ce temps ; ou, ce qui revient au même, le gain de vitesse rapporté à l'unité du temps pendant lequel il a lieu.*

En sorte que si v est l'augmentation infiniment petite de la vitesse

---

espaces, du N°. 18, tourne sa convexité ou sa concavité vers l'axe des temps OT. Cela exige que l'ordonnée croisse, ou que le point mobile s'éloigne du point fixe pris pour origine des distances ; le contraire aurait lieu s'il s'en rapprochait.

pendant le temps infiniment petit t dont s'est accru le temps total écoulé T, et si j est l'accélération, on a

$$j = \frac{v}{t}.$$

Elle est positive ou négative selon que le petit accroissement v de la vitesse est lui même positif ou négatif, c'est à dire selon qu'il est un accroissement ou gain proprement dit, ou bien une diminution, une perte.

Ce gain rapporté à l'unité du temps infiniment petit de son acquisition veut dire, comme nous avons vu au N.° 19, l'augmentation de vitesse, supposée continuée d'une manière égale dans une suite de temps égaux, jusqu'à ce qu'ils fassent ensemble une seconde ; ou, ce qui revient encore au même, la vitesse acquise v pendant un seul petit temps, mais répétée le nombre de fois $\frac{1}{t}$ qu'il est contenu dans l'unité de temps.

C'est toujours une réduction à l'unité comme celles que l'on opère dans les règles de trois de l'arithmétique. (N.° 20)

Observations sur l'accélération.

Tout le monde connait et conçoit la vitesse. L'accélération ne doit pas plus embarrasser: c'est la rapidité du changement de vitesse, de même que la vitesse est la rapidité du changement de place ou de distance. C'est une vitesse acquise en un certain temps, de même que la vitesse est une distance acquise en un certain temps. Ce temps, bien entendu, pour rendre les mesures comparables, doit avoir constamment la même durée, celle par exemple du temps pris pour unité, en sorte que si le temps observé t est plus grand ou moindre, on ramène le gain de vitesse à l'unité du temps par une simple règle de proportion, en le divisant par t ou en le multipliant par $\frac{1}{t}$.

Usage des tangentes pour obtenir les accélérations.

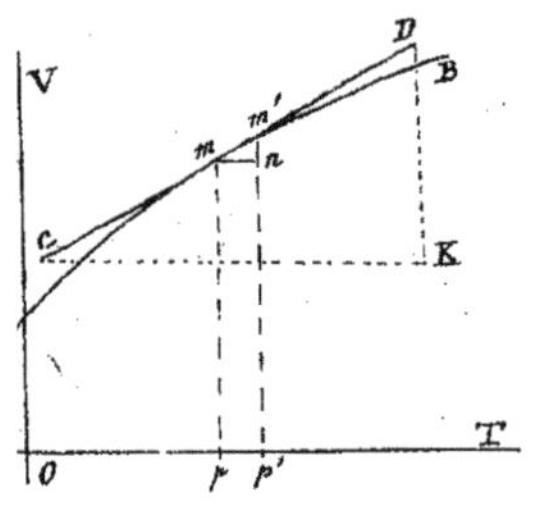

27. Si un mouvement est donné par les espaces et les temps correspondants, la suite de ses vitesses ayant été calculée comme on a vu, et la courbe des vitesses AB ayant été construite (N.os précédens), l'accélération, après chaque temps, sera l'inclinaison (N.° 21) de l'élément correspondant de cette courbe sur l'axe des abscisses, ou le rapport $\frac{m'n}{mn}$ de sa projection verticale à sa projection horizontale si l'axe des abscisses OT est supposé horizontal et l'axe des ordonnées OV vertical. Cette inclinaison s'obtient graphiquement par celle $\frac{DK}{CK}$ de la tangente en m, comme nous avons fait (N.° 21) pour avoir les vitesses au moyen de la courbe des espaces.

28.

Usage des aires pour obtenir les espaces au moyen des vitesses ou les vitesses au moyen des accélérations.

28. Réciproquement, connaissant la suite des vitesses dans un mouvem rectiligne varié, on demande de déterminer les espaces parcourus.

Soient toujours AB la courbe construite avec les temps pris pour abscisses les vitesses pour ordonnées ; $op = T$, $op' = T + t$ les temps écoulés jusqu'à deux inst infiniment voisins, pm et $p'm'$ les vitesses à ces deux instants. L'espace parcouru pendant le temps infiniment petit $pp' = t$ sera égal (N° 10) au produit de ce temps p la vitesse, qui a varié infiniment peu pendant sa durée et qui peut être regardée com constamment égale à sa valeur moyenne $\frac{pm + p'm'}{2}$, puisqu'elle n'en peut différer que d' quantité infiniment petite et négligeable devant cette valeur finie (N° 13). Or le prod $pp' \times \frac{pm + p'm'}{2}$ n'est autre chose que l'aire du trapèze infiniment étroit $pmm'p'$; l'ensemble de tous les trapèzes analogues n'est autre chose que l'aire finie $OAmp$.

Donc :

Théorème : L'aire comprise entre l'axe des abscisses, l'axe des ordon la courbe des vitesses et l'ordonnée relative à un instant quelconque, re ente l'e ace parcouru jusqu'à cet instant, à partir de celui où l'on a commencé à co ter le t

Et l'on a, si E est, au bout du temps $T = op$; la distance où le point mobile se trouve du point fixe à partir duquel les distances se comptent et si E_0 est l distance initiale ou la distance à laquelle il se trouvait à l'origine du temps :

$$E = E_0 + (\text{aire } OAmp.)$$

Les espaces parcourus se déduisent donc des vitesses au moyen de quadratures, c'est à dire de mesurages d'aires, qui peuvent se faire de plusieurs manières comme l'on sait.

De même, si ce sont les accélérations que l'on connait, ainsi que la vitesse initiale, on en déduit la suite des autres vitesses en ajoutant, à celle ci, des a curvilignes $OAmp$ déterminées par une courbe ayant les accélérations pour ordonnées.

Et les vitesses, ainsi obtenues, donneront à leur tour les espaces, comme on vient de le voir.

Application au mouvement uniformément varié. Relation des espaces aux temps.

29. Si nous appliquons le théorème du numéro précédent relatif à la détermination des espaces, au mouvement uniformément varié pour lequel la ligne des vitesses une droite inclinée OB passant par l'origine des coordonnées, ou pour lequel la vitesse initiale étai nulle, on a, j étant l'accélération :

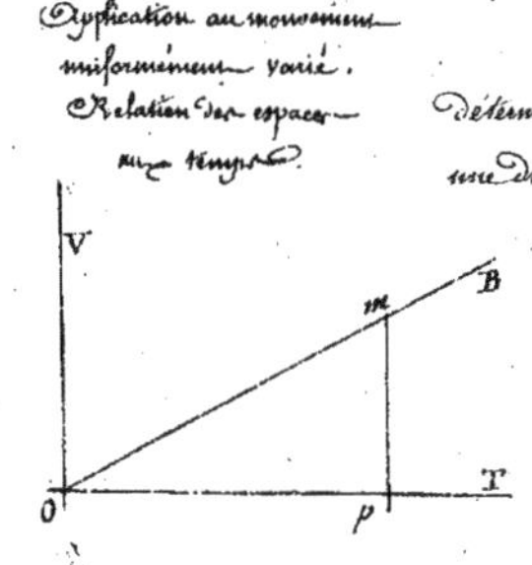

$$V = j\,T\;;$$

l'espace parcouru depuis l'instant initial jusqu'à la fin du temps $op = T$, est :

l'aire du triangle $0pm = op \times \frac{mp}{2} = \frac{V}{2}T$. Donc, E étant cet espace, on a

$$E = j\frac{T^2}{2}.$$

Les espaces parcourus sont, comme l'on voit, proportionnels aux carrés des temps ; en sorte qu'après 2, 3, 4 secondes, il y aura 4 fois, 9 fois, 16 fois plus d'espace parcouru qu'après la première seconde (1). L'accélération j, ou la vitesse acquise en une seconde, est égale au double de l'espace parcouru pendant la première seconde, car T = 1 donne, comme l'on voit, $E = \frac{j}{2}$.

Chute des corps pesants.

30. Or, on a trouvé que cette loi est celle de la chute verticale des corps, au moins tant que ce qu'on appelle l'influence de la résistance de l'air est négligeable. En effet, la courbe tracée, au moyen de l'appareil du N.° 23 sur la bande de papier par un style adapté à un corps qui tombe, est telle que les ordonnées verticales sont constamment entre elles comme les carrés des abscisses horizontales correspondantes.

De plus, on a reconnu que tous les corps, dans le vide, tombent en même temps de la même hauteur. L'accélération, qui engendre les vitesses, est la même pour tous.

Enfin l'on a trouvé par des expériences indirectes susceptibles d'une grande précision (2), que cette accélération, appelée souvent la pesanteur ou la gravité, et toujours désignée par l'initiale g, a la valeur suivante à l'Observatoire de Paris :

$$g = 9^{m},80896\,^{(3)} \text{ (ou à peu près } 9,809)$$

On a reconnu qu'elle variait légèrement avec la latitude, ce qui est attribuable à la fois à l'aplatissement de la terre aux pôles et à sa rotation diurne (Voyez fin du chapitre 5.) Elle diminue aussi avec l'altitude, en sorte qu'elle est moins forte d'environ un cent millième par chaque hauteur de cinquante mètres dont on s'élève. (4.)

(1.) Il en résulte que les espaces parcourus pendant les 1.re, 2.e, 3.e 4.e secondes, ou autres portions de temps égales entre elles, sont comme les nombres

1, 4 − 1 = 3, 9 − 4 = 5, 16 − 9 = 7 &c.

c'est-à-dire comme la suite naturelle des nombres impairs. On fait peu d'usage de cette loi aujourd'hui.

(2.) Voyez Chap.e 6.e ce qui est relatif au pendule.

(3.) Deuxième édition de la mécanique de M. Poisson.

(4.) Il résulte des données et des calculs qu'on trouve aux n.os 192, 198, 255 de la Mécanique de M. Poisson 2.e éd.n, que si, en général, *l* est le nombre des degrés de la latitude géographique d'un lieu quelconque de la terre, *h* son altitude, ou sa hauteur en mètres au dessus du niveau de la mer, R le rayon

Hauteurs dues aux vitesses.

31. Remplaçons, dans les équations du n° 29, j par g, et l'espace parcouru E par une hauteur de chute H, elles donnent :

$$V = gT, \quad H = g\frac{T^2}{2}$$

D'où, en éliminant le temps T

$$V = \sqrt{2gH}.$$

C'est la vitesse que fait acquérir à un corps, une chute d'une hauteur. On l'appelle la vitesse due à la hauteur de chute H.

On a aussi :

$$H = \frac{V^2}{2g}.$$

On l'appelle hauteur due à la vitesse V. On a dressé des tables des hauteurs et des vitesses qui se correspondent ainsi : l'on en fait un usage fréquent en hydraulique surtout.

Cas d'une vitesse initiale.

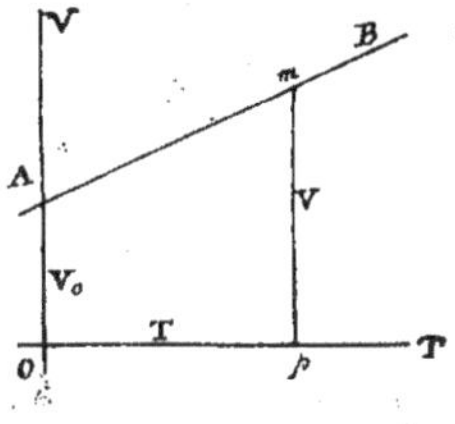

32. Appliquons le même calcul de l'espace ou de la hauteur, au mouvement uniformément varié pour lequel la ligne des vitesses AB ne passe pas par l'origine, et pour laquelle on a

$$V - V_0 = gT.$$

L'espace parcouru depuis l'instant initial jusqu'à la fin du temps Op est (n° 28) l'aire trapèze OA m p $= \frac{V+V_0}{2}T$. Donc si H_0 est la hauteur initiale du mobile au dessous d'un point fixe, on a, pour sa hauteur au dessous du même point au bout du temps T (n° 28)

$$H - H_0 = \frac{V+V_0}{2}T.$$

Si l'on élimine encore le temps T, ce qui se fait simplement en multipliant cette dernière équation par la première, écrite $T = \frac{V-V_0}{g}$, on obtient pour l'espace parcouru, ou la hauteur de la chute :

$$H - H_0 = \frac{V^2}{2g} - \frac{V_0^2}{2g}$$

en sorte qu'elle est égale à l'excès de la hauteur due à la vitesse finale sur la hauteur due à la vitesse initiale.

---

terrestre, qui varie un peu, mais qu'on peut prendre égal à sa valeur moyenne 6 366 200^{mm} $= \frac{40\,000\,000}{2\pi}$, on a pour la gravité ou l'accélération de la chute des corps en ce lieu :

$$g = 9^{m},805691\,(1 - 0,002588\ \cos.\ 2l)\left(1 - \frac{5}{4}\frac{h}{R}\right)$$

Par exemple, à l'Observatoire de Paris pour lequel l'altitude est 63 mètres, on a $\frac{5}{4}\frac{h}{R} = 0,0000123$ et $9,805691\left(1 - \frac{5}{4}\frac{h}{R}\right) = 9,80557$; et, comme la latitude l est 48° 50' 14", on trouve bien $g = 9,80896$.

Sous l'équateur, pour lequel $l = 0$, $\cos.\ 2l = 1$, on a $g = 9,78031\left(1 - \frac{5}{4}\frac{h}{R}\right)$

Au pôle, pour lequel $l = 90°$, $\cos.\ 2l = -1$, on a $g = 9,83107\left(1 - \frac{5}{4}\frac{h}{R}\right)$.

La gravité est, comme l'on voit, moins forte d'environ $\frac{1}{200}$ à l'équateur qu'au pôle.

...nsion verticale ...ozya pesanu.

33. Si le corps est lancé de bas en haut avec une vitesse V_0, sa vitesse V décroîtra, et il cessera de monter lorsqu'elle sera devenue nulle. Alors on a, en faisant V = 0 dans l'équation qu'on vient d'écrire :

$$H_0 - H = \frac{V_0^2}{2g}$$

c'est à dire que le corps aura monté de la hauteur due à sa vitesse initiale V_0, ou d'une hauteur égale à celle dont il lui faudra retomber pour acquérir la même vitesse V_0.

C'est ce qu'il était facile de prévoir. Il gagne successivement, dans les mêmes temps, lorsqu'il retombe les mêmes degrés de vitesse qu'il a perdus en montant ; et comme les hauteurs parcourues dépendent de ces vitesses et de ces temps, le corps devra avoir des vitesses égales quand il sera arrivé aux mêmes hauteurs, soit pendant qu'il monte soit pendant qu'il descend.

§. 3ème. — Suite. — Vitesses et Accélérations dans le mouvement curviligne. — Composition et décomposition des vitesses et des accélérations. — Accélérations normale et tangentielle.

...ement curviligne. Vitesse.

34. Supposons maintenant que le point mobile se meuve suivant une ligne courbe.

Soit KL cette ligne, qu'il ne faut pas confondre avec les lignes purement figuratives que nous avons tracées pour représenter les circonstances ou affections géométriques du mouvement rectiligne.

Supposons le point arrivé en M au bout du temps T. Puisque la courbe ou trajectoire parcourue est continue (N° 11) elle peut être regardée comme une ligne droite (N° 18) dans l'étendue de l'élément MM' parcouru pendant un temps infiniment petit t. Et comme la relation entre l'espace et le temps jouit aussi de la continuité (N° 11), le mouvement sur MM' pourra être considéré comme uniforme pendant le même temps t.

Ainsi :

Définition. La vitesse, dans le mouvement suivant une ligne courbe, au bout du temps T, ou à un point M de cette ligne ou trajectoire, est le petit espace MM, = e parcouru après cet instant ou à la suite de ce point, rapporté à l'unité du temps infiniment petit t pendant lequel il est parcouru (N° 18, 19, 20) ; en sorte que c'est une ligne finie MA dont la grandeur est le quotient $\frac{e}{t}$ (N° 19 et 20) et qui a la direction de MM, ou de la tangente à la trajectoire en M.

Accélération dans le mouvement curviligne.

35. Dans le mouvement curviligne on considère aussi une accélération.

On l'évalue, non pas par la simple augmentation des grandeurs de la vitesse, mais par son gain géométrique, défini comme on l'a fait au N.° 6, ou pris en tenant aussi compte du changement de la direction.

Rappelons nous ce qu'au §. 1.er (N.os 3, 4, 5), à propos des simples déplacements des points, nous avons entendu par composition de deux lignes quelconques a et b ayant grandeur, direction et sens, ou par construction de leur résultante. Cette résultante a_1 n'est autre chose que le troisième côté du triangle formé sur les deux lignes composantes a et b placées bout à bout, ou la diagonale du parallélogramme formé sur les deux mêmes lignes tirées du même point M. Rappelons nous (N.° 6) que si la composante $a = $ MA et la résultante $a_1 = $ MA, sont deux états successifs d'une même quantité linéaire variable, la deuxième composante $b = $ AA$_1$ est regardée, par extension à l'acception commune, comme ce que cette quantité a acquis, ce qu'elle a gagné en passant de l'état a à l'état a_1.

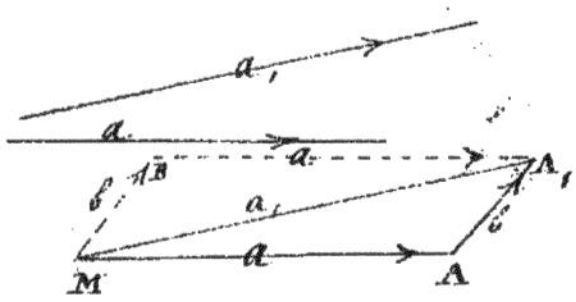

Cela posé :

Définition. L'accélération, dans le mouvement curviligne, est (comme dans le mouvement rectiligne, N.° 26) le gain, l'acquisition de vitesse, ou la vitesse acquise, gagnée pendant un temps infiniment petit, rapportée à l'unité de ce temps : ce gain étant ce qu'il faut composer géométriquement avec la vitesse au commencement du temps t pour avoir la vitesse à la fin du même temps.

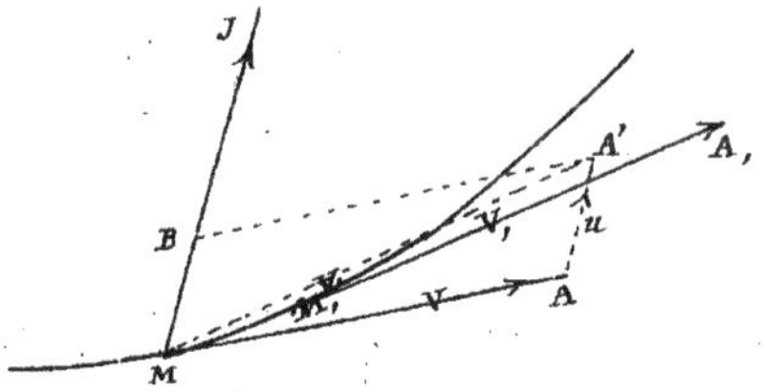

Ainsi, MA $= V$, tangent à la trajectoire au point M, étant la vitesse du mobile quand il était à ce point, et M$_1$A$_1 = V_1$ tangent à la trajectoire en M$_1$ étant la vitesse du mobile quand, après le petit temps t, il est arrivé en M$_1$, si, par le point M on mène MA' égal et parallèle à la deuxième vitesse et si l'on joint AA', cette petite ligne AA', ou MB qui lui est égale et parallèle, sera ce qui, composé avec MA $= V$ donne MA' $= V_1$: c'est la vitesse gagnée ou le gain de vitesse. En le désignant par u, l'accélération j aura pour grandeur

$$j = \frac{u}{t}$$

ou u répété autant de fois que t est contenu dans l'unité de temps ;

aura pour direction celle de AA' ou de MB, en sorte qu'en prolongeant vers J le côté infinitésimal MB du parallellogramme $BMAA'$ et en y portant une longueur $MJ = j = \frac{u}{t}$, MJ représentera en grandeur et en direction l'accélération dans le mouvement curviligne que l'on considère, à l'instant où le point mobile est à l'endroit M de sa trajectoire.(1)

Autrement dit, que l'on décompose la vitesse V_1 du mobile à la fin du temps t, en deux autres dont l'une soit la vitesse V au commencement de ce temps; l'autre composante u, ou la vitesse gagnée pendant le temps t, et rapportée à l'unité de ce temps, donnera l'accélération dont la grandeur est $\frac{u}{t}$, et dont la direction est celle de u.

L'accélération joue un rôle capital en mécanique. Nous verrons que celle de chaque point matériel dépend, à chaque instant, de la situation où il se trouve par rapport aux autres points; en sorte qu'on la connaît par ces situations, et que les vitesses et les espaces parcourus s'en déduisent le plus souvent. Mais jusqu'à ce qu'on soit familiarisé avec ce mot, nous rappellerons fréquemment ce qu'il exprime, en énonçant concurremment les mêmes choses par les vitesses acquises ou gains de vitesse.

…osition des vitesses. Théorèmes.

36. Ce n'est pas seulement pour obtenir l'accélération dans le mouvement curviligne que l'on compose ou décompose des vitesses. On fait usage fréquemment, en Mécanique, de ces compositions et décompositions, qui s'appliquent également aux accélérations.

Théorème 1er. Si un point mobile est animé successivement de plusieurs vitesses, pendant une suite de temps égaux, il arrivera au même lieu que s'il eût été animé de leur résultante pendant l'un de ces temps.

En effet, en nous bornant (ce qui suffit pour la démonstration) à deux vitesses composantes $MA = V$ et $AC = V'$, dont $MC = V_1$ est la résultante, et en appelant t le temps pendant lequel chacune d'elles meut le corps, il aura éprouvé deux déplacements $Ma = Vt$, $ac = V't$; et, les deux triangles Mac, MAC étant semblables comme ayant un angle égal $a = A$ compris entre côtés proportionnels, on a aussi $Mc = V_1 t$; et, les deux angles en M étant égaux, le point c est sur la droite MC, en sorte que le mobile est bien arrivé au même endroit c

(1) C'est dans ce sens que le nouveau programme des études de l'école polytechnique (page 75, 19e leçon) entend l'accélération ou la vitesse accélératrice, substituée, au point de vue où les éléments de la mécanique seront désormais enseignés, à ce qu'on appelait force accélératrice.

M. Callon (Éléments de mécanique à l'usage des candidats à l'école polytechnique, 1851, pages 21 et 29) a introduit cette expression, ainsi que celle de vitesse acquise, dans l'enseignement préparatoire, en leur attribuant l'acception liée à celle de composition des vitesses diversement dirigées.

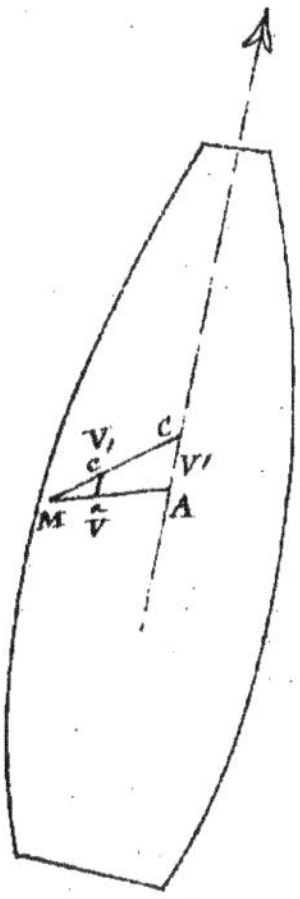

que s'il s'était mu pendant le temps t avec la vitesse résultante $V_1 = MC$.

Théorème 2. *Il en sera de même si, au lieu d'être animé successivement des deux vitesses V et V', le mobile les a possédées simultanément*, en entendant cette simultanéité comme nous avons fait (n.° 7) pour les simples déplacemens, c'est à dire en supposant que le point M se meuve uniformément avec une vitesse relative V sur la règle MA, ou le long de la ligne MA tracée sur le pont d'un navire, tandis que tous les points de cette règle ou de ce navire se meuvent avec des vitesses égales et parallèles à $V' = AC$.

En effet, après un temps quelconque t, le mobile sera arrivé sur la règle à une distance $Ma = Vt$ de sa première extrémité M, le point a, comme tous les autres points de cette règle, aura éprouvé un déplacement $ac = V't$, parallèle à AC, sorte que le mobile sera arrivé en c. Sa vitesse absolue dans l'espace aura été celle $MC = V_1$, résultante de sa vitesse V relative à la règle ou au navire, et de la vitesse de translation commune V' de tous les points de ce véhicule.

Composition des accélérations.

Théorème 3. *La vitesse d'un mobile étant supposée résultante de plusieurs autres vitesses, variables comme elle d'un instant à l'autre, son accélération est résultante de celles qu'il aurait s'il était animé successivement de chacune de ces vitesses composantes.*

En effet, chacune de ces vitesses composantes ou *partielles* (n.° 6) est à la fin du temps infiniment petit t, ce qu'elle est au commencement, composé avec le produit de t par l'accélération qui lui est afférente. Donc la vitesse effective ou *totale* (n.° 6) qui se compose de toutes (n.° 5 Théorème 4), et qui est la même chose quelque soit l'ordre de leur composition (idem Théorème 2) est, à la fin du même temps ce qu'elle était au commencement, composé avec tous les produits de t par les accélérations partielles, et, par conséquent (idem Théorème 3) avec le produit de t par la résultante de ces accélérations. Cette résultante des accélérations qui font varier les vitesses partielles est donc l'accélération qui fait varier la vitesse totale ou effective du point matériel

---

(1) On le voit très clairement en se servant, comme nous avons dit à la note du n.° 6 du signe + pour désigner les compositions. Soient $V, V' \ldots$ les vitesses composantes et la vitesse résultante au commencement du temps t, $V_1, V'_1 \ldots$ et V_1 les mêmes vitesses à la fin ; $j, j' \ldots$ les accélérations qu'aurait le point mobile s'il n'était animé que de la vitesse V devenant V_1, ou de celle V' devenant $V'_1, \ldots\ldots$ On a $V_1 = V + jt$, $V'_1 = V' + j't \ldots$ Ajoutant toutes ces *équations* géométriques comme nous en avons le droit (n.° 5, Théorème 3) on a $V_1 + V'_1 \ldots = V + jt + V' + j't + \ldots$, ou (idem n.° 2 et 4) $V_1 + V'_1 + \ldots$

On exprime quelquefois ce théorème en disant simplement *que les accélérations se composent comme les vitesses.*

C'est, au reste, ce que peut rendre sensible la construction ci contre, relative au cas de deux composantes, que l'on suppose être, en grandeur et en direction, $MA = V$ et $AB = V'$ au commencement du temps t, et $MA_1 = V_1$, $A_1B_1 = V'_1$ à la fin de ce temps. On a pour leur résultante, ou pour la vitesse effective du mobile, $MB = U$ au premier instant, et $MB_1 = U_1$ au second. D'où il suit qu'en menant A_1B' égal et parallèle à AB et joignant $BB' = AA_1$, $B'B_1$ et BB_1, on a $BB' = jt$, $B'B_1 = j't$, et $BB_1 = j_1t$, j_1 étant l'accélération effective. Or on voit que j_1t est résultante de jt et $j't$; donc j_1 l'est bien de j et j' ce qu'il fallait démontrer.

itesses des ctions d'un point.

37. Nous savons ce que c'est que la projection ordinaire ou *orthogonale* d'un point ou d'une droite sur une droite donnée.

On considère aussi, quelquefois, des projections obliques.

Définitions. *Les projections obliques d'un point M sur trois axes concourants, c'est-à-dire sur trois droites indéfinies OX OY OZ ayant une origine commune O, sont les intersections de chacun de ces axes avec un plan mené par M parallèlement aux deux autres.*

Les projections obliques d'une droite finie MD sont les parties de chacun des axes comprises entre les projections de ses deux extrémités M, D.

Cette droite MD est évidemment la diagonale du parallélipipède formé sur trois droites MA, MB, MC égales et parallèles à ses trois projections. Si la droite MD est parallèle au plan de deux de ces axes, auquel cas les projections se réduisent à deux M'A', M''B', elle est diagonale du parallélogramme formé sur MA égal et parallèle à la première et sur MB égal et parallèle à la seconde.

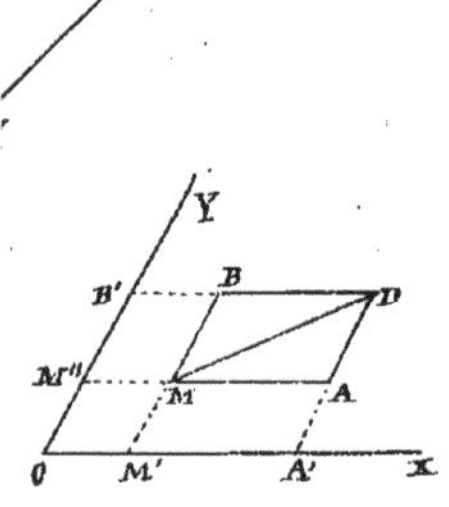

Il en résulte (N° 3) *qu'une droite est résultante de ses trois projections sur trois axes quelconques, ou de ses deux projections sur deux axes dont le plan lui est parallèle.*

$= V + V' + \dots + (j + j' + \dots)t$, ou bien $V_1 = V + (j + j' + \dots)t$. Donc $j + j' + \dots$ ou la résultante des accélérations venant de la variation de chaque vitesse partielle est bien l'accélération effective du point.

Or, evidemment :

La projection, sur un axe, de l'espace parcouru par un point mobile est la même chose que l'espace parcouru pendant le même temps par sa projection, supposée être un autre point matériel se mouvant sur cet axe.

Donc comme la vitesse n'est autre chose qu'un espace divisé par le temps employé à le parcourir, et comme les projections obliques comprennent les projections orthogonales comme cas particulier, on voit que :

Théorème. La vitesse d'un point mobile dans l'espace, est résultante des vitesses de ses projections sur trois axes rectangulaires ou obliques, ou sur deux axes au plan desquels elle est parallèle.

Accélérations des projections d'un point.

38. Il est très facile de voir que le théorème du N.° 8 : la projection d'une résultante est somme algébrique des projections des composantes, s'applique aussi bien aux projections obliques qu'aux projections orthogonales.

M
V₁
V
A
j't
B
V'
j't
M'
V'₁
A'
B'₁

Il en résulte que la projection $V'_1 = M'B'$ d'une vitesse $V_1 = MB$ d'un mobile à la fin d'un petit temps t est la projection $V' = M'A'$ de sa vitesse $V = MA$ au commencement, plus le produit $j't = A'B'$ de son accélération j par le temps t en sorte que $V'_1 = V' + j't$.

Donc comme la projection V' de la vitesse d'un point mobile M est évidemment, à tout instant, la vitesse de sa projection M' regardée elle même comme un point mobile parcourant l'axe $M'B'$ sur lequel on projette, on voit que :

Théorème : La projection orthogonale ou oblique de l'accélération d'un mobile sur une droite ou axe quelconque, est l'accélération de sa projection sur la même droite.

En combinant avec le théorème du numéro précédent, 37, soit celui que nous venons d'énoncer soit, plus simplement, le théorème 3 du numéro 36, on obtient encore le suivant :

Théorème : L'accélération d'un point mobile est résultante des accélérations de ses projections sur trois axes rectangulaires ou obliques.

Usage de ces théorèmes.

39. Ces théorèmes très simples et presque évidents donnent le moyen de résoudre, sur les accélérations, les vitesses, les espaces parcourus dans le mouvement curviligne, les mêmes problèmes dont on a indiqué la solution aux N.os 27 & 28 pour le mouvement rectiligne, sans recourir à cette suite de compositions & décompositions

de lignes très petites qui sont pénibles & sujettes à erreur. Ils servent à ramener le mouvement d'un point sur une courbe plane dont le plan est connu, au mouvement rectiligne de deux projections de ce point, et son mouvement quelconque, au mouvement rectiligne de trois projections.

Je suppose, par exemple, que l'on connaisse, après chaque temps T, la position du point mobile dans l'espace, au moyen des distances à une origine commune, de ses projections sur trois axes rectangulaires, ou ce qui revient au même, au moyen de ses distances aux trois plans que les axes forment deux à deux; on aura ce qu'il faut pour construire les courbes figuratives des espaces parcourus par les trois projections; on en déduira (nos 27 & 28) les vitesses & les accélérations des projections, et, par composition, les grandeurs et les directions des vitesses et des accélérations du point mobile lui même.

Je suppose, réciproquement, que l'on connaisse la suite des grandeurs et des directions de lignes représentant les accélérations du point dans l'espace; on en déduira, par des projections sur deux ou sur trois axes fixes, les accélérations des projections du point sur les mêmes axes; puis, en opérant comme il est dit au no 28, on aura d'abord les vitesses de ces projections, et, ensuite, les espaces qu'elles parcourent et leurs positions successives, moyennant que l'on connaisse une vitesse et une position initiales. La suite des positions des projections du point donnera la suite des positions du point lui même.

Toute la dynamique d'un point matériel est renfermée implicitement dans ces règles.

Exemple.
Mouvement parabolique.

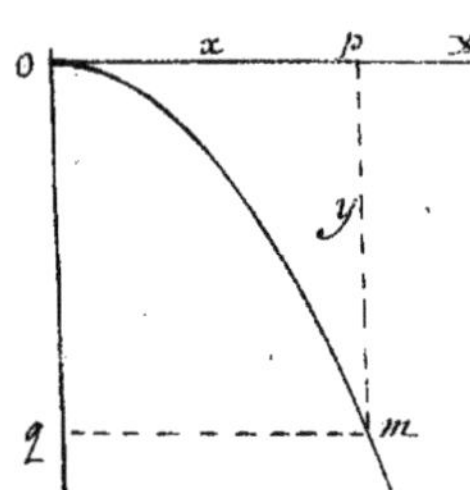

40. Voici un exemple de l'application de cette méthode, pour un cas où le résultat est simple et susceptible d'une expression générale.

Soit à déterminer l'accélération dans le mouvement curviligne d'un point mobile m, qui ne sort pas d'un plan vertical XOY, et dont les distances mq, mp à la droite verticale OY et à la droite horizontale OX soient, la première, proportionnelle au temps, et la seconde, proportionnelle au carré du temps écoulé depuis l'instant de son départ du lieu O.

La projection p du mobile sur l'horizontale se mouvra, comme l'on voit, d'un mouvement uniforme puisque la distance $Op = mq$ est proportionnelle au temps; et la projection q du même mobile sur la verticale se mouvra d'un mouvement uniformément accéléré puisque la distance $Oq = mp$

est proportionnelle au carré du temps (N° 29). L'accélération de la première projection est donc nulle, et l'accélération de la deuxième projection est constante.

Donc l'accélération du mobile même, qui est (N° 38) résultante de celles-ci, a une grandeur constante, et est constamment dirigée verticalement de haut en bas.

Réciproquement si l'on proposait de déterminer le mouvement d'un corps ayant une vitesse initiale horizontale suivant OX, et une accélération verticale constante, on aurait, V étant la vitesse initiale, g l'accélération, x et y les distances où les projections p, q du mobile sur l'horizontale OX et sur la verticale OY se trouvent du point de départ O au bout du temps T :

Vitesse de la projection horizontale p au bout du même temps $= V$

Vitesse de la projection verticale $= gT$.

Espace horizontal $x = VT$; Espace vertical $y = g\frac{T^2}{2}$ (N° 29.)

On en déduit :

1° Pour la grandeur de la vitesse du mobile dans l'espace (l'hypothénuse du triangle rectangle construit sur ses deux projections V et gT) :

$$\sqrt{V^2 + g^2T^2}$$

2° Pour son *inclinaison* sur l'horizontale OX (le rapport de sa projection verticale à sa projection horizontale ; n° 21)

$$\frac{gT}{V} = \frac{gx}{V^2}$$

3° Pour *l'équation* de la trajectoire, c'est à dire la relation entre l'abscisse x et l'ordonnée y d'un quelconque de ses points (en éliminant T entre $x = VT$ et $y = g\frac{T^2}{2}$) :

$$y = \frac{g}{2V^2}x^2.$$

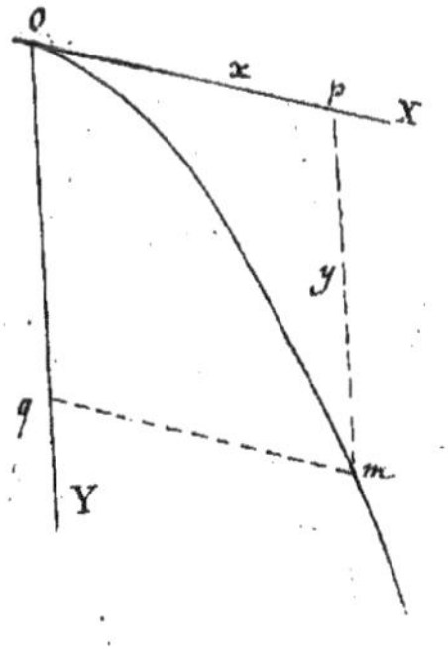

Cette trajectoire est une *parabole*, car on appelle ainsi une courbe dans laquelle *l'inclinaison* ou la *pente* des éléments croît proportionnellement à l'abscisse, ou dont l'ordonnée est proportionnelle au carré de l'abscisse.

Si la direction OX de la vitesse initiale V était oblique à l'horizon il résulte de ce qu'on a vu aux n° 37 & 38 que l'on aurait les mêmes relations entre x, y, VT, c'est à dire :

$$x = VT\ ,\ y = g\frac{T^2}{2}\ ,\ \text{ou}\ y = \frac{g}{2V^2}\,x^2$$

x et y représentant alors des *coordonnées obliques* dirigées parallèlement à OX et à la verticale OY.

La courbe est encore une parabole. La dernière équation donne toujours le moyen de la déterminer par points, et la vitesse peut aussi se déterminer, à un instant quelconque, au moyen de ses deux projections obliques V et $gT = g\frac{x}{V}$.

Nous nous servirons de cette solution, dans une autre partie du cours, pour l'établissement de certaines roues hydrauliques.

[Ac]célération centripète [dans] le mouvement [circ]ulaire uniforme.

41. Voici un autre exemple de la détermination de l'accélération dans le mouvement curviligne tirée de sa définition du N°. 35.

Supposons qu'un point se meuve avec une vitesse d'une grandeur constante V sur une circonférence de cercle dont le centre est en O et dont le rayon est $OM = R$.

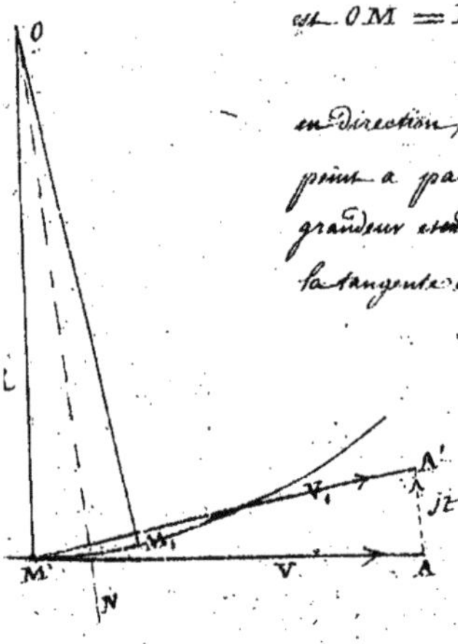

Au moment où ce point est en M, sa vitesse est, en grandeur et en direction, la ligne tangente $MA = V$. Après un temps infiniment petit t, le point a parcouru un petit arc $MM_1 = Vt$, et l'on obtient sa vitesse nouvelle en grandeur et en direction en menant par le point M une droite $MA' = V$ parallèle à la tangente en M_1, ou perpendiculaire au rayon OM_1. Si j est l'accélération cherchée on a (N°. 35) :

$$AA' = jt.$$

Or les triangles semblables OMM_1, MAA' donnent

$$\frac{AA'}{MA} = \frac{MM_1}{OM}, \text{ ou } \frac{jt}{V} = \frac{Vt}{R}.$$

Donc on a pour la grandeur de l'accélération

$$j = \frac{V^2}{R},$$

et pour sa direction, celle de AA', qui peut être regardée comme celle du rayon MO, puisque AA', parallèle à la bissectrice ON de l'angle MOM_1, ne fait avec ce rayon qu'un angle infiniment petit. (N°. 13.

Donc :

Théorème. Dans le mouvement circulaire uniforme l'accélération est dirigée constamment du point mobile vers le centre, et est égale au carré de la vitesse divisé par le rayon.

[A]ccélération normale et [ac]célération tangentielle dans [l]e mouvement quelconque.

42. Voici une conséquence plus générale de la définition de l'accélération dans le mouvement curviligne.

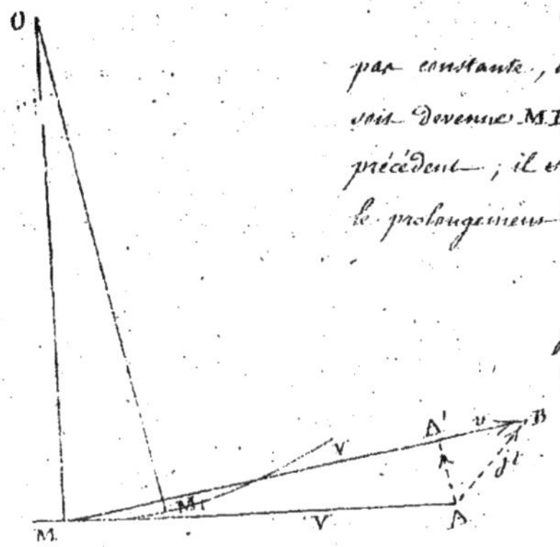

Si, le mouvement ayant toujours lieu dans un cercle, la vitesse V n'est pas constante, en sorte qu'au bout du temps infiniment petit t sa grandeur MA soit devenue MB ou ait augmenté de $A'B = v$, jt ne sera plus AA' comme au numéro précédent ; il sera AB. Or AB est résultante de AA' et de $A'B = v$ dirigé dans le prolongement de MA'. Comme cette direction de AB est, à cela près d'un angle infiniment petit et négligeable, celle de la tangente au point M on voit que l'accélération j est résultante de $\frac{V^2}{R}$ dirigé suivant MO, et de $\frac{v}{t}$ dirigé suivant MA.

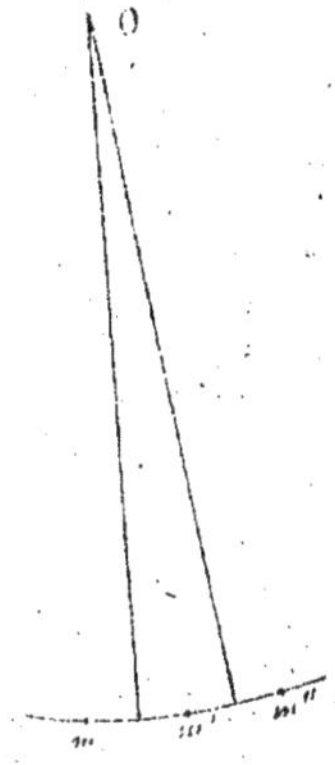

La même chose aura lieu dans le mouvement sur toute autre courbe que le cercle, car, par trois points infiniment voisins m, m', m'' d'une courbe continue quelconque, on peut toujours faire passer une circonférence de cercle. Son centre, qui est le point d'intersection de deux normales (1) infiniment voisines, tirées dans le plan de deux éléments contigus est appelé centre de courbure, et son rayon rayon de courbure de la courbe à l'endroit que l'on considère : l'un et l'autre sont toujours faciles à obtenir graphiquement d'une manière approchée, dans une courbe plane tracée sur le papier. Or cette circonférence de cercle, dite osculatrice de la courbe, peut être regardée comme se confondant avec elle sur une petite étendue.

Donc :

Théorème. L'accélération dans un mouvement curviligne quelconque se compose toujours : 1°. d'une accélération normale, dirigée du point mobile vers le centre de courbure de la trajectoire, et égale au carré de la vitesse divisé par le rayon de courbure. 2°. D'une accélération tangentielle dirigée suivant la tangente menée à la trajectoire au point où se trouve le mobile, et égale (comme si le mouvement était rectiligne) à l'augmentation de grandeur qu'éprouve la vitesse pendant un temps infiniment petit, rapportée à l'unité de ce temps.

L'accélération normale ou centripète est appelée quelquefois déviatrice parce qu'elle produit ou, plutôt, elle mesure la quantité dont le mouvement dévie de la ligne droite à chaque instant.

---

(1) On appelle normale à une courbe ou à une surface courbe, une perpendiculaire à un élément de cette ligne ou de cette surface, ou, ce qui revient au même, une perpendiculaire à une tangente à la courbe ou au plan tangent à la surface, cette perpendiculaire étant menée par le point de contact.

Chapitre 3ème.

Suite de la Cinématique.

Cinématique des systèmes de points.

§ 1er. — Vitesses et accélérations moyennes. — Accélérations partielles réciproques.

Déplacement moyen. Vitesse moyenne. Accélération moyenne.

43. Dans un système de plusieurs points matériels ce qu'il importe ordinairement le plus de considérer, en Mécanique, c'est la suite de ses déplacements moyens.

Définition : Nous appelons Déplacement moyen d'un système, ou des points qui le composent, la droite résultante des déplacements de tous ces points, divisée par leur nombre.

La vitesse moyenne de n points est, de même la $n^{ième}$ partie de la résultante de leurs vitesses. Elle est, par conséquent, leur déplacement moyen pendant un temps infiniment petit, rapporté à l'unité de ce temps.

Leur accélération moyenne est la $n^{ième}$ partie de la résultante de leurs accélérations. Elle est, par conséquent, d'après le théorème 3 du n° 36, l'accélération qu'aurait un point animé de la suite des vitesses moyennes, ou, ce qui revient au même, le gain de vitesse moyenne pendant un temps infiniment petit, rapporté à l'unité de ce temps.

Accélérations réciproques entre des points.

44. Dans le cas simple où il n'y a que deux points se mouvant sur une même droite, la vitesse moyenne est la demi somme algébrique de leurs deux vitesses individuelles, c'est à dire la moitié de leur somme ou de leur différence selon qu'elles ont le même sens ou des sens opposés.

De même l'accélération moyenne est demi somme algébrique de leurs deux accélérations.

Si ces deux accélérations individuelles sont réciproques, c'est à dire égales et opposées, l'accélération moyenne est nulle.

Plus généralement, supposons que les accélérations d'un nombre quelconque de points m, m', m''.... soient, chacune, résultante de plusieurs accélérations réciproques entre ces points, en sorte que, le point m ayant une composante d'accélération dirigée vers m', m' ait une composante ou une accélération partielle égale dirigée vers m, ainsi de même de toutes les autres accélérations partielles, ou composantes des accélérations. L'accélération moyenne du système de ~~tous~~ ces points sera nulle, car la résultante des accélérations de tous les points est la même chose que la résultante de toutes leurs composantes (N.° 5, Ch. 4), et celles ci, égales deux à deux et opposées se détruisent et donnent zéro au total.

La vitesse moyenne d'un pareil système est donc, ou nulle, ou constante en grandeur et en direction, comme la vitesse d'un point unique qui n'a pas d'accélération.

Accélérations moyennes de deux systèmes dont les points n'ont que des accélérations partielles réciproques.

45. Si, au lieu d'un seul système de points, on a deux systèmes AB dont les points n'ont que des composantes d'accélération réciproques, mais, les unes entre points d'un même système, et, les autres, entre un point d'un système et un point de l'autre système, on peut appeler celles là <u>intérieures</u> et celles ci <u>extérieures</u> à chaque système. Les composantes intérieures à A, par exemple, seront celles qui ont lieu entre deux points appartenant l'un et l'autre à A ; les composantes extérieures à A sont celles qui ont lieu vers des points de B.

La résultante générale des accélérations des points de ce même système A ne dépendra que des composantes qui lui sont <u>extérieures</u> puisque celles intérieures se détruisent comme celles du système unique du numéro précédent. Il en sera de même de la résultante générale des accélérations des points du système B. Et ces deux résultantes seront égales et opposées puisque chacune des composantes extérieures à A a pour réciproque une composante extérieure à B.

Donc, d'après la définition (N.° 43) de l'accélération moyenne, on a ce théorème :

Théorème. <u>Lorsque les points de deux systèmes n'ont que des composantes d'accélération réciproques, les accélérations moyennes de ces deux systèmes sont opposées, et en raison inverse des nombres de leurs points.</u>

Ce théorème de Cinématique aura dans le chapitre 4me, d'importantes applications, car nous verrons que, dans l'univers, toutes les composantes d'accélérations sont réciproques.

Lorsque les points d'un système A ont des composantes d'accélération dirigées vers ceux de plusieurs autres systèmes B, C, D . . . nous appellerons quelquefois accélération moyenne de A vers B la résultante des accélérations partielles réciproques entre leurs points, divisée par le nombre des points de A.

§. 2ème. – Centres de gravité.

nition géométrique
ntre de gravité.

46. Il existe, pour tout système de points mobiles, un point géométrique qui se meut avec lui et qui possède à chaque instant sa vitesse & son accélération moyennes (N.° 43.)

C'est, comme on va le voir, le point appelé centre des moyennes distances, ou centre de gravité.

Définition. On appelle centre de gravité de plusieurs points, un point dont les lignes de jonction avec ceux-ci, étant composées ensemble, donnent une résultante nulle.

Par exemple si le système se compose de deux points m, m', le centre de gravité est nécessairement au milieu 0 de la droite qui les joint, car les deux lignes 0 m, 0 m', égales et de sens opposés, ont une résultante zéro. S'il se compose des quatre sommets m, m', m'', m''' d'un parallélogramme, le centre de gravité est à l'intersection 0 des diagonales, car 0 m et 0 m'' ont une résultante nulle et il en est de même de 0 m' et 0 m'''.

Son existence.
Moyen général
i le trouver.

47. Ce point géométrique existe toujours, comme on peut voir par ce moyen général de le trouver pour tout système.

Prenons un point arbitraire A ; et composons ensemble ses distances aux points m, m', m'' . . . dont le système est formé ; c'est à dire (N.° 3) menons, par m, m I égale & parallèle à A m', puis, par I, IK égal & parallèle à A m'' &c. ; en sorte que s'il n'y a que trois points, AK sera la résultante ; divisons cette résultante en autant de parties égales qu'il y a de points, et portons une des parties sur AK, de A en 0. Le point 0 sera le centre cherché.

En effet, si l'on tire les lignes 0 m, 0 m', 0 m'' . . . (nous y avons mis comme sur A m, A m', A m'' . ., des fers de flèche pour désigner leur sens) les triangles A O m, A O m′ . . . montrent que :

A O composé avec O m donne A m

A O composé avec O m′ donne A m′

A O composé avec O m″ donne A m″.

. . . .

Composons ensemble, par colonnes, toutes les lignes qui entrent dans ces espèces d'équations. Nous aurons A K pour la résultante de toutes les lignes A O. Nous avons également A K pour résultante de toutes les lignes A m, A m′ . . . . .

Donc . . . . A K composé avec O m, O m′, O m″ . . . donne A K.

Et, par conséquent, O m, O m′, O m″ . . . . n'apportent rien dans la composition. Leur résultante est donc nulle, et O est bien, comme nous l'avons annoncé et suivant sa définition, le <u>centre de gravité</u> des points donnés m, m′, m″ . . .

Il n'y en a qu'un.

48. Il n'existe pas d'autre point que O, jouissant de la propriété de donner ainsi <u>zéro</u> pour la résultante de ses distances à des points donnés.

En effet, soit un autre point O′ quelconque, on voit que :

O′ m est résultante de O′ O et O m

De même . . . . O′ m′ est résultante de O′ O et O m′

O′ m″ est résultante de O′ O et O m″

. . . .

D'où l'on déduit, en composant ensemble les premiers membres, et, aussi, les seconds membres de ces sortes d'égalités, et en ayant égard à ce que la résultante de O m, O m′, O m″ . . . est nulle.

Résultante de O′ m, O′ m′ . . . est égale à autant de fois O O′ qu'il y a de points m, m′ . . .

Et parconséquent, un point O′, différent de celui O que nous avons trouvé au numéro précédent ne saurait se trouver comme lui à des distances de m, m′ . . . dont la résultante soit nulle.

Déplacement du centre de gravité.

49. Supposons maintenant que les points donnés m, m′, m″ . . . du système dont le centre de gravité est O se déplacent dans l'espace ; que m vienne en m₁, m′ en m′₁ &c.

Soit O_1 le centre de gravité construit pour leur nouvelle position.

Soit n le nombre des points m, m', m''....

Comme Om, composé avec mm_1, donne la diagonale Om_1 du quadrilatère Omm_1O_1, aussi bien que OO_1 composé avec O_1m_1, et comme on peut en dire autant pour les autres points m', m''... on a :

Résultante de Om et mm_1 = Résultante de OO_1 et O_1m_1,

Résultante de Om' et $m'm'_1$ = Résultante de OO_1 et $O_1m'_1$,

Résultante de Om'' et $m''m''_1$ = Résultante de OO_1 et $O_1m''_1$,

&c....

Composant ensemble toutes les lignes formant les premières résultantes on aura la même chose qu'en composant ensemble les lignes formant les secondes.

Or Om, Om', Om''... donnent ensemble zéro ;

O_1m_1, $O_1m'_1$, $O_1m''_1$... donnent ensemble zéro.

Il reste :

Résultante de mm_1, $m'm'_1$, $m''m''_1$, ... = n fois OO_1

Donc ;

Théorème. Le déplacement du centre de gravité d'un système est la ligne résultante des déplacements de tous ses points, divisée par leur nombre.

Ou, en d'autres termes, ainsi que nous l'avons annoncé au N° 46 :

Théorème. Le déplacement du centre de gravité d'un système est le déplacement moyen de ses points.

50. Si l'on multiplie tous les déplacements tant des points donnés que du centre de gravité par $\frac{1}{t}$, t étant le temps supposé infiniment petit pendant lequel ils ont eu lieu, les mêmes relations subsisteront.

Donc comme $mm_1 \times \frac{1}{t}$ (N° 19, 34) est la vitesse de m_1, et ainsi des autres, on a ceci d'après la définition (N° 43) de la vitesse moyenne.

Théorème. La vitesse du centre de gravité d'un système est la résultante de tous ses points, divisée par leur nombre, ou est leur vitesse moyenne.

Comme l'accélération d'un point n'est autre chose, en la multipliant par un temps élémentaire, que la vitesse gagnée par ce point pendant ce temps (N° 6) et comme la résultante des gains de plusieurs lignes est la même chose (N° 5 théorème 2 et 4) que le gain de leur résultante, on a ceci (même N° 5, théorème 3.)

[margin: m'_1; m''_1, m''; O, O_1; m, m_1; ...sse et accélération du centre de gravité.]

Théorème. L'accélération du centre de gravité d'un système est l'accélération moyenne de ses points, ou la résultante de leurs accélérations divisée par leur nombre.

Centre de gravité de trois points ou de quatre points.

51. Cherchons maintenant les centres de gravité de quelques systèmes.

1° Soient trois points seulement m, m', m''. Prenons pour le point arbitraire A, indiqué au procédé général du N° 47, le milieu de la ligne de jonction des points m', m''. La résultante de ses distances aux trois points se réduira à A m, puisque A m', A m'', égales et opposées, ont une résultante nulle. Donc le centre de gravité est (N° 47) en O, placé sur A m de sorte que A O $= \frac{1}{3}$ A m. Ainsi :

Théorème. Le centre de gravité d'un système de trois points est sur la ligne de jonction de l'un quelconque de ces points avec le milieu des deux autres aux deux tiers de la longueur de cette ligne.

2° Soient quatre points m, m', m'', m'''. On peut placer le point arbitraire A au centre de gravité de ces trois derniers. Comme ses distances à ceux-ci ont une résultante nulle (N° 46, définition), on voit que (N° 47) le centre de gravité est O sera sur A m, au quart de sa longueur à partir de A, ou aux trois quarts à partir de m.

Concentration des points de divers groupes à leurs centres de gravité particuliers.

52. On vient de voir que le centre de gravité de quatre points est le même que si trois quelconques d'entre eux étaient réunis à leur centre de gravité commun.

Cela peut être généralisé, et l'on a ceci :

Théorème 1er. Le centre de gravité d'un système de points est le même que si un groupe quelconque de ses points était réuni tout entier au centre de gravité de ce groupe.

En effet si n' est le nombre des points de ce groupe, et O' leur centre de gravité, la résultante des lignes de jonction du point arbitraire A avec ces points est (N° 47), n' fois A O'. Ces n' points apportent la même quote part dans la composition de la résultante générale des distances de A à tous les points du système, et, par conséquent, dans la détermination de son centre de gravité général O, s'ils étaient tous les n' placés en O'. C'est précisément ce qu'il fallait démontrer.

Ce qu'on fait pour un groupe, on peut le faire également pour d'autres groupes. Donc :

Théorème 2. Si un système de points est partagé en plusieurs groupes, son centre de gravité est le même que si chaque groupe de points était concentré à son centre de gravité particulier qui compterait, alors, pour autant de points qu'il y en a dans le groupe.

Cas de deux groupes.

53. Soit par exemple le système divisé en deux groupes, l'un de n' points ayant leur centre de gravité en O', et pouvant par conséquent être supposés placés en O' (numéro précédent), l'autre de n'' points pouvant de même être supposés placés à leur centre de gravité O''. Le centre de gravité général O devra être situé sur $O'O''$ de telle manière qu'on ait zéro en composant ensemble n' fois la distance OO' et n'' fois la distance OO'' dont le sens est opposé ; ou tel que l'on ait

$$n' \times OO' = n'' \times OO''.$$

Donc :

Théorème. Pour avoir le centre de gravité de deux groupes de points il faut partager la droite qui joint les centres de gravité de ces deux groupes en raison inverse des nombres de points dont ils sont composés. (1.)

Ainsi le centre de gravité de quatre points m, m', m'', m''' est au milieu O de la droite qui joint le point a, milieu des deux premiers, avec le point b, milieu des deux derniers. La géométrie vérifie que ce milieu O est le même quels que soient ceux des quatre points donnés qu'on ait pris ainsi pour les premiers ou les derniers, et qu'il coïncide avec le centre O déterminé d'une autre manière au N.° 45.

Les quatre points peuvent, bien entendu, n'être pas dans un même plan.

54.

(1.) En ajoutant aux deux membres de l'équation précédente $n'' \times OO'$ on en tire $O'O = \frac{n''}{n'+n''} O'O''$, ce qui donne directement la grandeur d'une des deux parties et, par conséquent, la position du point O cherché.

On serait arrivé directement à cette dernière équation en prenant O' pour le point arbitraire que nous avons appelé A au N.° 47, car il faut répéter n'' fois la distance $O'O''$ et la diviser par $n'+n''$, nombre total des points du système, pour avoir la distance $O'O$ de son centre de gravité.

Centres de gravité des figures géométriques.

54. Actuellement, cherchons les centres de gravité de diverses figures géométriques, considérées comme comprenant un nombre excessivement grand de points matériels extrêmement rapprochés, et également disséminés dans leur étendue, en sorte que des portions équivalentes de chacune de ces figures en contiennent constamment des nombres sensiblement égaux.

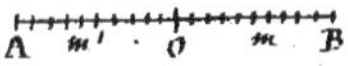

Le centre de gravité O d'une ligne droite AB sera évidemment à son milieu.

Car, comme il y a, de part et d'autre, le même nombre de points également espacés, à chaque distance Om de O à l'un de ces points, comptée à droite, répond une distance Om' à un autre point, compté à gauche, en sorte que la résultante des distances de O à tous les points est nulle.

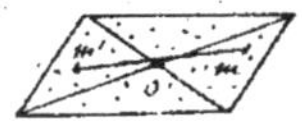

Le centre de gravité d'un parallélogramme, d'un cercle, d'une ellipse, d'une sphère est à leur centre de figure : car tout étant symétrique de part et d'autre de ce point sur une même droite qui y passe, ses distances aux divers points disséminés dans la figure sont égales deux à deux et opposées, et ont une résultante nulle.

Les mêmes centres de figure sont les centres de gravité des contours ou des enveloppes de ces figures supposées vides à leur intérieur.

Triangle.

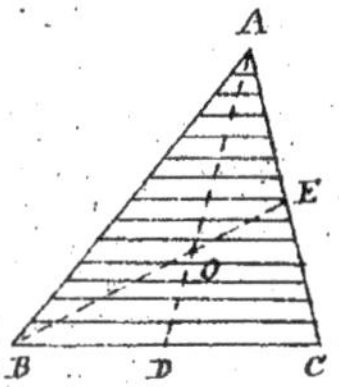

55. Soit à trouver le centre de gravité d'une figure triangulaire. Si nous la partageons en zônes extrêmement minces par des droites parallèles à l'un quelconque BC de ses trois côtés, le centre de gravité de chaque zône sera, comme celui d'une ligne droite, au milieu de sa longueur, et, par conséquent, sur la droite AD, joignant le milieu de la base BC avec le sommet opposé A et passant au milieu de toutes les zônes. Le centre de gravité général sera (N.° 52 Théorème 2) le même que si tous les points de chaque zône s'y trouvaient placés. Il sera donc sur AD.

Il sera aussi sur BE joignant un autre sommet avec le milieu de la base opposée. Par conséquent il sera le même (N.° 51) que celui des trois sommets A, B, C.

Donc :

Théorème. *Le centre de gravité d'un triangle est aux deux tiers de la droite qui joint un quelconque de ses angles avec le milieu du côté opposé.*

Pyramide triangulaire.

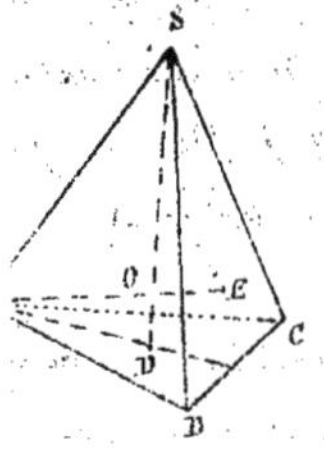

56. De même pour trouver le centre de gravité d'une pyramide triangulaire SABC, partageons-la en tranches extrêmement minces par des plans parallèles à l'une de ses bases ABC. Leurs centres de gravité seront tous sur la ligne SD qui joint le sommet S avec le centre de gravité de cette base, puisque toutes les sections sont semblables à la base, et semblablement coupées par cette ligne SD. Donc le centre de gravité de la pyramide est aussi sur SD. Il doit être, par la même raison, aussi sur AE qui joint un autre sommet A avec le centre de gravité de la base opposée SBC. Il est donc au point que nous avons vu être (N.° 51) le centre de gravité des quatre sommets.

Donc:

Théorème. Le centre de gravité d'un tétraèdre ou d'une pyramide triangulaire est aux trois quarts de la droite qui joint un des sommets avec le centre de gravité de la base opposée.

Polygone.

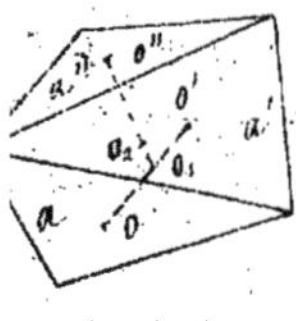

57. Le centre de gravité d'une figure polygonale s'obtient graphiquement en la partageant en triangles dont on cherche d'abord (N.° 55) les centres de gravité $0, 0', 0'' \ldots$ et dont on mesure les aires $a, a', a'' \ldots$ On partage en 0_1 la distance $00'$ des deux premiers centres, en parties réciproquement proportionnelles aux aires correspondantes, ou de telle sorte que $00_1 \times a = 0_10' \times a'$ (N.° 53 & note); ce qui donne le centre de gravité 0_1 du quadrilatère formé par les deux premiers triangles. Puis on partage $0_1 0''$, ligne de jonction de ce centre avec celui du troisième triangle au point 0_2 de manière que $0_1 0_2 \times (a + a') = 0'' 0_2 \times a''$, ce qui donne le centre de gravité 0_2 du pentagone formé par les trois premiers triangles, et ainsi de suite.

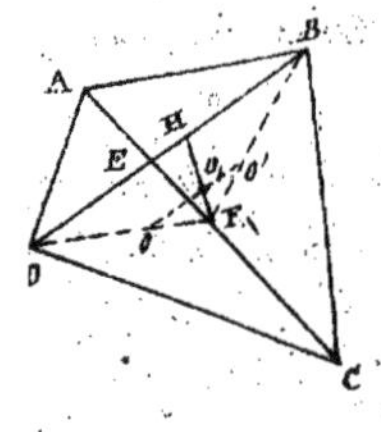

Si la figure est un quadrilatère ABCD on obtient son centre de gravité 0_1 sans calculer d'aires, en prenant le tiers $F0_1$ de la droite FH qui joint le milieu F de l'une des diagonales AC avec le point H pris sur l'autre diagonale BD, tel que BH = DE, E étant son point de rencontre avec l'autre diagonale. En effet, si l'on joint FB, FD et si l'on mène, jusqu'à la rencontre de ces deux droites, $0\,0_1\,0'$ parallèle à DB, il résulte d'un théorème connu de géométrie que F0 et F0' seront dans le même rapport avec FD, FB, que $F0_1$ est avec FH; d'où il suit (N.° 55) que 0 et 0' sont les centres de gravité des triangles CDA, CBA; or les aires de ces triangles qui ont même base AC, sont comme DE, BE qui sont proportionnelles à leurs hauteurs, et ces deux droites égales respectivement à BH, DH, sont proportionnelles aux parties $0'0_1$, 00_1 de la distance $00'$ des centres de gravité des deux triangles. Donc O, divise cette distance en raison inverse des aires de ces triangles et est, comme tout à l'heure, le centre de gravité du quadrilatère.

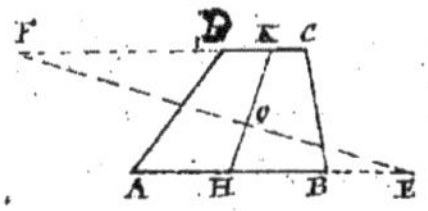

Si le quadrilatère ABCD est un trapèze, on démontre que son centre de gravité O est l'intersection de HK, ligne qui joint les milieux de ses bases parallèles avec EF, ligne joignant le point E pris sur la base AB prolongée de sorte que BE = CD, avec le point F, pris sur la base CD prolongée de sorte que DF = AB.

Pyramide quelconque.

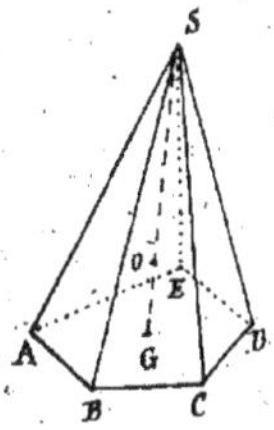

58. Ayant déterminé, comme au numéro précédent le centre de gravité G de la base d'une pyramide quelconque, si l'on joint le sommet S à ce point, le centre de gravité de la pyramide est évidemment comme pour la pyramide triangulaire, sur cette ligne S.G, aux trois quarts de sa longueur à partir du sommet. En effet, le point O ainsi déterminé est le centre de gravité d'une section de la pyramide par un plan parallèle à sa base, et c'est sur ce même plan mené par O que se trouvent (N° 56) les centres de gravité des pyramides triangulaires dans lesquelles on peut diviser la pyramide donnée par des plans menés du sommet aux lignes de la division triangulaire de sa base opérée comme au commencement du numéro précédent. Or les volumes de ces pyramides partielles, de même hauteur, étant proportionnelles à leurs bases, et par conséquent à leurs sections triangulaires par le plan parallèle dont nous parlons, le centre de gravité O de toutes ces sections est bien le même que celui de la pyramide totale d'après le théorème 2 du n° 52.

Cône.

Le centre de gravité d'un cône droit ou oblique à base circulaire ou elliptique est, par conséquent, aux 3/4 de la ligne de jonction du sommet au centre de figure de la base.

Prisme ou cylindre.

Il est facile de voir que le centre de gravité d'un prisme, ou d'un cylindre droit ou oblique à bases parallèles quelconques est au milieu de la droite qui joint les centres de gravité de ces bases.

Polyèdre.

Le centre de gravité d'un polyèdre s'obtiendrait en le partageant en pyramides ou en autres solides dont on chercherait les centres de gravité et les volumes, puis opérant comme pour la recherche du centre de gravité d'un polygone.

Théorèmes sur la distance du centre de gravité à un plan quelconque.

59. Mais les constructions graphiques peuvent être avantageusement remplacées, dans la plupart des cas, par des calculs qui sont généralement plus faciles dans la pratique.

Projetons sur une même droite quelconque AB les lignes A m, A m'....

nous menons du point arbitraire A (N.° 47) à chacun des *n* points d'un système, et que nous composons ensemble pour obtenir, en divisant leur résultante par le nombre *n*, la position du centre de gravité de ces points. Comme la projection d'une résultante est égale (N.° 87) à la somme algébrique des projections des composantes, et comme la projection A q de A m sur la droite A B est égale à la distance m p du point m à un plan C A D mené par A perpendiculairement à A B on voit que :

Théorème 1.er. La distance du centre de gravité d'un système de points à un plan quelconque est égale à la somme algébrique des distances de ces points au plan, divisée par le nombre des points, ou, en d'autres termes, elle est moyenne algébrique entre celles des points du système.

Nous disons somme algébrique, moyenne algébrique, parcequ'il peut y avoir des points des deux côtés du plan, et que les distances doivent alors être comptées positivement d'un côté et négativement de l'autre.

Et comme l'on peut transporter à volonté, ou concentrer, dans la recherche du centre de gravité général, les points formant arbitrairement divers groupes, aux centres de gravité de ces groupes (N.° 52) on voit que :

Théorème 2. La distance du centre de gravité général de plusieurs groupes de points à un plan quelconque s'obtient en faisant la somme algébrique des produits des distances des centres de gravité des groupes par les nombres respectifs des points qu'ils renferment ; et en divisant cette somme par la somme de tous ces nombres de points.

En sorte que s'il y a respectivement n', n'', n''' ... points dans les 1.er, 2.me, 3.me &c.a groupes, et si les distances des centres de gravité à un plan sont X', X'', X''' ...., la distance X, au même plan, du centre de gravité général est

$$X = \frac{n'X' + n''X'' + n'''X''' + \dots}{n' + n'' + n''' + \dots}$$

On voit aussi que :

Théorème 3. La somme algébrique des distances des points d'un système à tout plan qui passe par son centre de gravité est nulle.

Observons que ces trois théorèmes sont également vrais lorsque les distances au plan fixe au lieu d'être mesurées par des perpendiculaires à ce plan, le sont par des parallèles à une même droite qui le coupe obliquement.

Leur usage pour déterminer sa position par le calcul.

60. Cette formule de règle d'alliage (pareille à celle par laquelle on calcule, par exemple, le prix moyen de différentes quantités d'hectol. de blé vendues un jour de marché à des prix X', X''...) peut servir à trouver la distance du centre de gravité d'un polyèdre ou de tout autre solide à un plan quelconque, en mettant, à la place de n', n'', n'''..., les volumes des solides partiels dans lesquels on le divise, et, à la place de X', X'', X'''... les distances, au plan fixe, des centres de gravité supposés connus de ces solides partiels, dont les volumes sont (n°. 54) proportionnels aux nombres de points que l'on y suppose également disséminés.

Ayant calculé, par la même formule, les distances du centre de gravité général à deux autres plans, on déduira, de ces distances (perpendiculaires ou obliques) à ces trois plans, la position cherchée de ce centre dans l'espace.

Emploi de la formule de quadrature de Th. Simpson.

61. Il est avantageux, surtout lorsque le solide n'est pas polyèdre, d'opérer sa division par des plans équidistans, tous parallèles au plan fixe dont on veut avoir la distance au centre de gravité cherché.

Si la distance x de ces plans consécutifs est supposée infiniment petite, et si, X étant la distance de l'un d'eux au plan fixe, A est l'aire de la section qu'il fait dans le corps solide, on aura $A.x$ pour le volume de la tranche comprise entre ce plan A et le plan suivant A' ; et la distance du centre de gravité de cette tranche au plan fixe sera X à cela près d'une quantité infiniment petite moindre que x et négligeable devant X.

La somme des volumes, ou le dénominateur de la formule générale de la fin du numéro 59, où nous substituons (n°. 60) les volumes aux nombres de points, sera :

$$S.A\,x,$$

le signe S désignant la somme de tous les produits du même nom relatifs à toutes les parties dans lesquelles on divise ainsi le solide.

Le numérateur de la même formule sera une somme $S.A\,x.X$ des produits des volumes $A\,x$ des tranches par les distances correspondantes X. On a donc, $\mathfrak{X}$ étant la distance cherchée du centre de gravité au plan fixe :

$$\mathfrak{X} = \frac{S.\,A X x}{S.\,A x}.$$

Faute de pouvoir partager ainsi un solide en tranches infiniment minces on sait que, pour avoir son volume $S\,A\,x$, d'une manière très approchée, il suffit de le partager en un certain nombre pair n de tranches d'égale épaisseur h, et de se servir de la formule suivante, due à Thomas Simpson dans laquelle $A_0, A_1, A_2 \ldots A_n$ sont les aires des sections faites aux distances h les unes des autres :

$$S.Ax = \frac{1}{3}h(A_0 + 4A_1 + 2A_2 + 4A_3 + \ldots + 2A_{n-2} + 4A_{n-1} + A_n).$$

C'est la valeur du dénominateur de X.

Le numérateur peut se calculer par la même formule, en mettant les valeurs successives du produit AX au lieu de celles de A, et l'on a,

$$S.AX.x = \frac{1}{3}h(A_0 X_0 + 4A_1 X_1 + \ldots + A_n X_n).$$

Donc la distance cherchée du centre de gravité au plan fixe est donnée par la formule :

$$X = \frac{A_0X_0 + 4A_1X_1 + 2A_2X_2 + 4A_3X_3 + \ldots 2A_{n-2}X_{n-2} + 4A_{n-1}X_{n-1} + A_nX_n}{A_0 + 4A_1 + 2A_2 + 4A_3 + \ldots + 2A_{n-2} + 4A_{n-1} + A_n}.$$

eau dont
ou des
différents.

62. Soit, par exemple, à déterminer le centre de gravité d'un tonneau dont les deux fonds A_0, A_2 n'ont pas le même diamètre. Soit A_1 l'aire de la section faite au milieu de leur distance $2h$. Si nous prenons pour plan fixe de comparaison celui de cette section intermédiaire A nous aurons

$$X_0 = -h, \quad X_1 = 0, \quad X_2 = h, \quad n = 2$$

A₁ A₂ p o

Et la formule du numéro précédent donnera :

$$X = \frac{-A_0 h + A_2 h}{A_0 + 4A_1 + A_2}; \text{ ou } X = \frac{\frac{1}{3}h^2(A_2 - A_0)}{\frac{1}{3}h(A_0 + 4A_1 + A_2)}.$$

La distance po de la section intermédiaire A_1 au centre de gravité cherché O est, comme l'on voit, le quotient, par le volume connu $\frac{1}{3}h(A_0 + 4A_1 + A_2)$ du tonneau, du produit $\frac{1}{3}h^2(A_2 - A_0) = (A_2 - A_0)\frac{(2h)^2}{12}$, qui est celui de la différence des aires des deux fonds par le douzième du carré de la longueur $2h$ du tonneau.

Si le tonneau a deux mètres de longueur, des bases ou fonds de 1 mètre et 1^{mèt}, 10^{c} de diamètre, et une section intermédiaire de 1^{mèt}, 20^{c}, on a :

$$po = \frac{\frac{\pi}{3}[(0,55)^2 - (0,50)^2]}{\frac{\pi}{3}[(0,50)^2 + 4(0,60)^2 + (0,55)^2]} = 0^{mèt},0263.$$

en sorte que le centre de gravité est à 26 millimètres de la section faite au milieu de la longueur, et du côté du plus grand fond.

§. 3.

§. 3ème. — Systèmes invariables.

53. On dit qu'un système est **invariable** ou **solide** lorsque, dans le mouvement, tous ses points conservent entre eux les mêmes distances.

Translation.

On sait que, pour qu'il en soit ainsi, il suffit qu'ils conservent les mêmes distances à trois d'entre eux, dont les trois distances sont supposées rester constantes.

Lorsque divers points subissent tous à la fois des déplacements égaux et parallèles à une même droite (comme nous avons supposé aux numéros 7 et suivants ceux d'une règle, d'un plan, d'un navire), on dit que le système mobile formé par l'ensemble de ces points éprouve une **translation**, représentée par cette droite en grandeur et en direction.

Pendant un pareil déplacement, les lignes de jonction des points du système sont restées égales et parallèles à elles-mêmes, car si m et m' sont les lieux occupés primitivement par deux de ces points, et si $mm_1 = m'm'_1$ sont leurs déplacements, la figure $m_1mm'm'_1$ est un parallélogramme et l'on a $m_1m'_1$ égal et parallèle à mm'.

Le système est, par conséquent, resté **invariable**, comme un corps solide.

Plusieurs translations $a, b, c\ldots$ d'un système se composent évidemment en une seule de la même manière que plusieurs déplacements d'un seul point se composent en un déplacement unique.

64. Supposons que les points d'un système se meuvent en ligne courbe.

Mouvement curviligne de translation.

On dit qu'ils ont un **mouvement commun de translation** lorsque leurs mouvements se composent d'une suite de **translations** infiniment petites, ou lorsqu'il est tel qu'à chaque instant tous les points possèdent des vitesses égales et parallèles et de même sens, ces vitesses pouvant, d'ailleurs, varier ensemble avec le temps, en grandeur aussi bien qu'en direction.

Ils décrivent tous des courbes égales, et, non seulement les vitesses, mais encore les accélérations, sont à chaque instant égales et parallèles pour tous les points.

Il suffit que trois points non en ligne droite appartenant à un système solide, éprouvent une translation, pour qu'il en soit de même de tous les autres points du système. Car la position de celui-ci est complètement déterminée par la position de ceux-là : elle doit donc être telle, après leur déplacement, que trois distances à eux soient restées les mêmes. Or c'est précisément ce qui arrive, comme nous venons de le voir, si son déplacement est égal et parallèle au leur. Donc &c...

otation.

65. Définitions. On dit qu'un système solide tourne ou a un mouvement de rotation autour d'un point fixe lorsque ses points conservent, en se déplaçant, les mêmes distances au point fixe.

On dit qu'il tourne ou qu'il a un mouvement simple de rotation autour d'un axe fixe lorsque ses points conservent les mêmes distances aux points de cet axe.

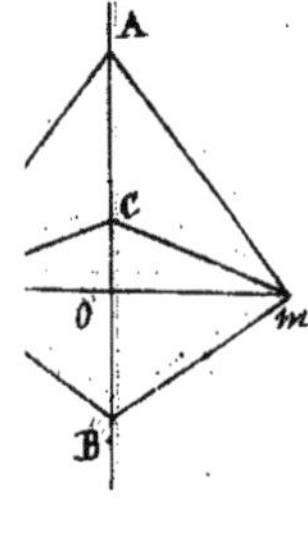

Il suffit, pour que ce dernier cas ait lieu, que chaque point m du système solide conserve les mêmes distances mA, mB à deux des points A, B de l'axe. En effet, lorsque m est arrivé à une autre position m_1 quelconque, on a un triangle Am_1B égal à celui AmB, comme ayant les trois côtés égaux aux côtés de celui-ci ; d'où il résulte que si l'on joint m et m' à un autre point quelconque C de l'axe, les deux triangles mAC, m_1AC sont aussi égaux comme ayant l'angle en A égal compris entre côtés égaux : le 3ème côté m_1C est donc égal à mC et par conséquent le point m reste bien à même distance de tous les points de l'axe AB.

De plus, si O est le pied de la perpendiculaire abaissée de m sur l'axe de rotation et si l'on joint m_1O, l'égalité des deux triangles mBO, m_1BO prouve que l'angle mOB est droit ou que O est aussi le pied de la perpendiculaire abaissée de m_1 sur l'axe.

Donc tous les points du système se meuvent circulairement et dans des plans perpendiculaires à l'axe de rotation.

Enfin ces points décrivent, en même temps, autour de l'axe fixe, des arcs du même nombre de degrés ; ou, ce qui revient au même, les perpendiculaires abaissées de ces divers points sur l'axe décrivent des angles égaux. Car si O est la projection de l'axe sur le plan du tableau que l'on suppose lui être perpendiculaire, et si m_1, n_1 sont, après un mouvement, les projections des points dont m, n étaient les projections avant le même mouvement, on a $m_1O = mO$, et $n_1O = nO$ puisque les points m, n n'ont pas changé de distance à l'axe, et l'on a aussi $m_1n_1 = mn$ puisque la ligne de jonction des deux points m, n du système supposé solide, est restée de même grandeur (définition, n° 63) et a conservé la même inclinaison sur tout plan lié au système, comme est un plan perpendiculaire à l'axe. Les deux triangles

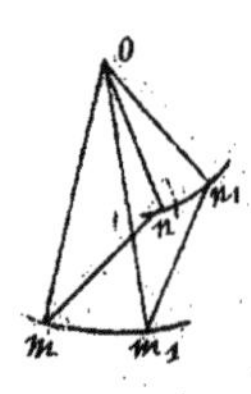

mon, m_1on_1 sont donc égaux comme ayant les trois côtés égaux et l'on a l'angle $m_1on_1 = mon$, d'où, en retranchant de part et d'autre celui m_1on :

L'angle $mom_1 = non_1$,

ce qu'il fallait démontrer.

Déplacement angulaire
Vitesse angulaire.

66. Définition. On appelle déplacement angulaire d'un système solide tournant autour d'un axe fixe, l'arc décrit par un point à l'unité de distance de l'axe.

C'est, si l'on veut, l'angle constant décrit par les perpendiculaires (telles que mo, no, des deux numéros précédents) abaissées des points du système sur l'axe, cet angle étant évalué, non par le nombre des degrés, mais par le rapport $\frac{mm_1}{mo}$ ou $\frac{nn_1}{no}$ de l'arc décrit à son rayon.

En sorte qu'un déplacement angulaire, d'une révolution entière est mesuré par 2π, rapport de la circonférence au rayon et un déplacement d'un angle droit est $\frac{\pi}{2} = \frac{3,1459}{2} = 1,5708$.

On appelle vitesse angulaire, à un instant quelconque, le déplacement angulaire qui a lieu dans un temps infiniment petit qui suit cet instant, rapporté à l'unité de durée de ce temps.

En sorte que si a est le déplacement angulaire infiniment petit, t le temps pendant lequel il a lieu, u la vitesse angulaire, on a :

$$u = \frac{a}{t}.$$

On voit que : un déplacement infiniment petit linéaire (c'est à dire ordinaire, n° 3) d'un point quelconque d'un pareil système est égal à son déplacement angulaire multiplié par sa distance à l'axe.

D'où il suit que la vitesse de ce point est égale à la vitesse linéaire multipliée par la même distance.

En sorte que si r est la distance $m0$ du point m à l'axe, sa vitesse dans l'espace est

$$ru = r\frac{a}{t}.$$

Axe instantané.

67. On démontre que, lorsqu'un système solide tourne autour d'un point fixe (Numéro 65) les déplacements qu'il éprouve pendant un temps infiniment petit sont les mêmes que s'il tournait autour d'une certaine droite passant par le point fixe (1.)

Cette droite est appelée l'axe instantané de rotation. Elle varie généralement d'un instant à l'autre.

Composition des rotations.

On démontre encore que, si un système solide éprouve successivement autour d'un axe O a, un déplacement angulaire infiniment petit, représenté en grandeur par la portion O a de cet axe, puis, autour d'un axe O b, un déplacement angulaire infiniment petit, représenté en grandeur par O b, et si O r est la résultante des droites O a, O b, le système arrivera à la même position dans l'espace, que s'il eût éprouvé, autour de l'axe O r, un déplacement unique représenté en grandeur par la ligne O r. (2.)

Ce que l'on peut dire de deux déplacements peut se dire

(1.) Voici une démonstration élémentaire de ce théorème de cinématique :

Par le point fixe O et par deux points m, m' du système, menons deux plans qui soient perpendiculaires respectivement aux déplacements infiniment petits $m m_1$, $m' m'_1$ que ces points m, m' vont éprouver. Ces deux plans se couperont suivant une droite O P. Si, par un point quelconque P de cette intersection, nous tirons P m, nous pouvons regarder la petite ligne $m m_1$ comme se confondant avec un petit arc décrit de P comme centre avec cette droite P m pour rayon, car P m étant comprise dans le premier plan, est perpendiculaire à $m m_1$. Le point m, dans son déplacement, est donc resté à la même distance du point P et, de même, de tout point de la droite indéfinie O P. Il en est de même du deuxième point m'. Tout autre point m'' du système devra rester aussi aux mêmes distances des divers points de O P pour pouvoir conserver les mêmes distances à m, à m', et au point fixe O. (N° 63.)

Donc tous les points du système solide se sont mus pendant un instant infiniment petit, comme s'ils tournaient autour de cette droite O P.

C'est ce qu'il fallait démontrer.

(2.) En effet, élevons par le point de concours O des axes de rotation O a, O b, une droite O m, d'une longueur égale à l'unité, et perpendiculaire à ces axes.

Si par m, on mène m a' égal à O a, perpendiculairement au plan m O a, ce point m, supposé lié invariablement au système, aura éprouvé, pendant la première rotation, le déplacement linéaire infiniment petit m a', puisque le déplacement d'un point qui tourne autour d'un axe est égal (N° 66) à son déplacement angulaire multiplié par sa distance à l'axe et que cette distance O m est supposée = 1.

Si nous menons de même m b' = O b perpendiculairement au plan m O b, et si nous achevons le parallellogramme m a' r' b', a' r' = m b' sera le petit déplacement linéaire éprouvé pendant la deuxième rotation.

Le déplacement total aura été m r' dont la longueur est égale à O r et dont la direction

également d'un nombre quelconque de déplacements angulaires infiniment petits. Et si l'on suppose que ces déplacements angulaires oa, ob .... or s'opèrent, chac pendant un temps infiniment petit t, on aura, en les multipliant par $\frac{1}{t}$ les mêm relations entre les vitesses angulaires.

Donc :

Théorème. Un système solide, animé successivement et dans des temps infiniment petits égaux, de diverses vitesses angulaires autour d'axes tirés du même point O, sera déplacé de la même manière que si, pendant l'un de ces temps, il était animé d'une vitesse angulaire unique, représentée en grandeur par la résultante des vitesses données, portées chacune sur son axe à partir du point O, et faisant tourner le corps autour d'un axe dirigé suivant cette même résultante.

Il en résulte que les vitesses angulaires, portées sur les directions respectives de leurs axes, se composent, comme les vitesses linéaires portées sur leurs propres directions (n° 36).

Ainsi, une vitesse de rotation autour d'un axe quelconque peut être remplacée, quant aux petits déplacements qu'elle produit, par des vitesses de rotation autour de trois axes rectangulaires se rencontrant sur son axe ; les grandeurs de ces trois vitesses composantes sont les projections sur ces trois axes de la vitesse résultante donnée, portée sur le sien. (1)

§. /

---

est perpendiculaire au plan $m\,o\,r$, car le parallélogramme $m\,a'\,r'\,b'$ n'est autre chose que ce que deviendrait celui $o\,a\,r\,b$ si, après l'avoir transporté parallèlement à lui même de manière que o vienne en m, on le faisait tourner d'un quart de cercle.

Le point m, et, par suite, tout le système, aura donc éprouvé le déplacement angulaire or autour d'un axe or, ce qu'il fallait démontrer.

Cette démonstration simple est de M. Saint-Guilhem.

(1.) Nous donnons ici ces théorèmes et ceux des n°s 68, 69, 70, 71, 72, qui nous serviront, surtout au Chapitre 6ème pour mieux faire comprendre et pour démontrer d'une manière complète sans avoir besoin de recourir à des décompositions & substitutions fictives de forces, que les six conditions générales d'équilibre nécessaires dans tout système, sont suffisantes pour établir l'équilibre dans les systèmes solides.

On peut s'en passer si l'on présente (comme nous avons fait dans le cours cité) cet établissement d'équilibre ou cette suffisance des six conditions nécessaires comme un fait d'expérience relatif aux corps dits solides, fait qui est sujet à des restrictions et qui n'a jamais lieu qu'approximativem

§. 4ème. — Moments autour d'un point et autour d'un axe.

Moment autour d'un point.

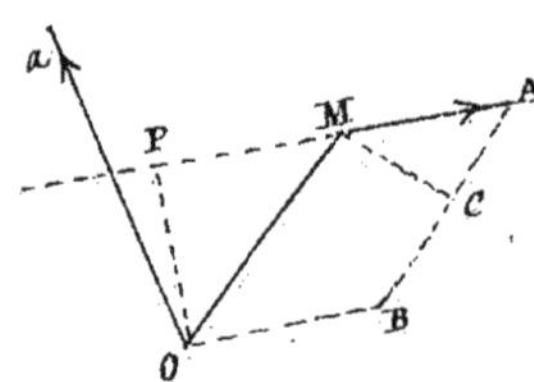

68. On se sert souvent, dans la mécanique des systèmes de points, de la considération des moments. Nous pensons convenable de donner ici la géométrie de ces sortes de quantités, dans ce qu'elle a de plus essentiel.

Définition. — Le moment, autour d'un point fixe O, d'une droite MA que l'on suppose dirigée (N° 3) de M en A, est le produit MA × OP de sa longueur par celle de la perpendiculaire OP abaissée sur elle par le point O.

Et l'on a ce qu'on appelle son moment linéaire, en élevant perpendiculairement au plan du moment, c'est à dire au plan OMA, une droite Oa d'une longueur numériquement égale à ce produit, et dans un sens tel que, de a, on aperçoive la première extrémité M de la droite donnée à la gauche de sa deuxième extrémité A.

On voit :

1° Que le moment d'une droite MA a pour grandeur l'aire du parallélogramme ayant cette droite pour base, et le point fixe O pour sommet opposé à A, et qu'on peut aussi le mesurer par le produit OM × MC de la distance OM, par la projection MC de la droite donnée MA sur un plan perpendiculaire à cette ligne de jonction OM.

2° Que les moments linéaires Oa, Oa' des deux droites MA, MA' de sens opposés, sont aussi de sens opposés. Ils sont, de plus, égaux si les deux droites sont égales, mais pourvu qu'elles soient opposées directement comme MA, MA', et non pas simplement parallèles comme MA, M''A'' (Voyez N° 72).

Le point fixe O est appelé centre des moments.

Moment linéaire d'une résultante de plusieurs droites concourantes.

69. Théorème. Le moment linéaire de la résultante MR de plusieurs droites MA, MB .... tirées ainsi qu'elle du même point M est une droite résultante des moments linéaires de ces composantes MA, MB .....

En effet, soient seulement deux droites MA, MB ; soient MR leur résultante, et O un centre de moment situé à l'unité de distance du point de concours M.

Si par M, on mène un plan perpendiculaire à OM et si B'MA'R est la projection du parallélogramme BMAR sur ce plan, les trois droites MA', MB', MR' représenteront les grandeurs des trois moments de MA, MB, MR ; car, par exemple, celui de MA est (numéro précédent) le produit OM × MA' qui se réduit à MA' puisque OM est supposé égal à un.

Si, par O, on élève trois droites Oa, Ob, or égales à MA', MB', MR' et respectivement perpendiculaires aux trois plans passant par OM et par celles ci, on aura les trois moments linéaires (numéro précédent) ; et quatre points O, a, r, b, formeront une figure égale à celle MA'R'B', puisque les angles formés par des perpendiculaires à des plans sont égaux aux angles de ces plans.

Cette figure est un parallélogramme.

Donc le moment linéaire de la résultante MR de MA, MB, [est] bien une droite résultante des moments linéaires des composantes MA, MB.

Cela aura lieu évidemment encore si OM n'est pas l'unité de longueur, car les moments linéaires s'ils ne sont plus égaux à MA', MB', MR', leur seront proportionnels et formeront toujours les deux côtés et la diagonale d'un parallélogramme.

On aura la même chose pour un nombre quelconque de droites composantes tirées du même point M, car on peut composer ensemble, d'abord, les moments linéaires des deux premières, puis le résultat avec le moment linéaire de la troisième et ainsi de suite.

Le théorème énoncé est donc prouvé dans toute sa généralité.

Moment autour d'un axe. Projections d'un moment autour d'un point.

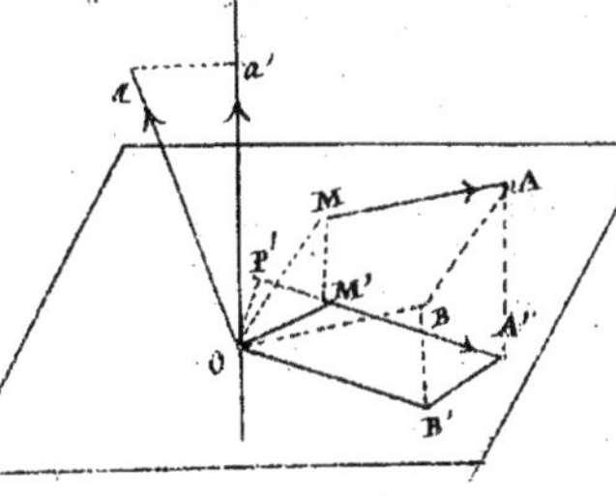

70. — Définition — Le moment d'une droite MA autour d'axe fixe OO' est le produit de la projection M'A' de cette droite sur un [p]lan LN [perp]endiculaire à l'axe, [p]ar la distan[ce] OP' de l'axe à cette projection.

Son moment linéaire est une longueur Oa' numériquement égale à ce produit, portée sur l'axe fixe du côté où l'on aperçoit la projection M de la première extrémité de la droite donnée, à la gauche de la projection A' de la deuxième extrémité.

On voit que le moment de MA autour de l'axe O 1' a pour grandeur (N°. 68) l'aire du parallellogramme OM'A'B' formé sur O et M'A'. Ce parallellogramme n'est autre chose que la projection, sur le plan LN, du parallellogramme OMAB, formé sur un point quelconque O de l'axe et sur la droite MA donnée dans l'espace, parallellogramme qui donne la grandeur du moment de MA autour du point O.

Or, on sait que le rapport de l'aire d'une figure plane OMAB à l'aire de sa projection OM'A'B' sur un plan, est le même que le rapport qui existe entre une droite Oa perpendiculaire à cette figure, et sa projection Oa' sur une perpendiculaire au plan.

Donc :

Théorème : Le moment linéaire d'une droite MA autour d'un axe OO' est la projection, sur cet axe, du moment linéaire de la même droite donnée MA autour d'un quelconque des points de cet axe.

Comme une ligne quelconque, telle qu'un moment linéaire, est résultante de ses projections sur trois axes concourants (N°. 3, 37) on en conclut cet autre théorème :

Théorème. Le moment linéaire d'une droite autour d'un point quelconque est la droite résultante de ses moments linéaires autour de trois axes passant par ce point.

Moment résultant de droites quelconques autour d'un point et sa décomposition en somme de moments autour de trois axes.

71. Considérons maintenant des droites finies MA, M'A', M''A''..... tracées d'une manière quelconque dans l'espace, et appelons généralement moment linéaire résultant de ces droites autour d'un point O, la ligne résultante de tous leurs moments linéaires autour de ce point.

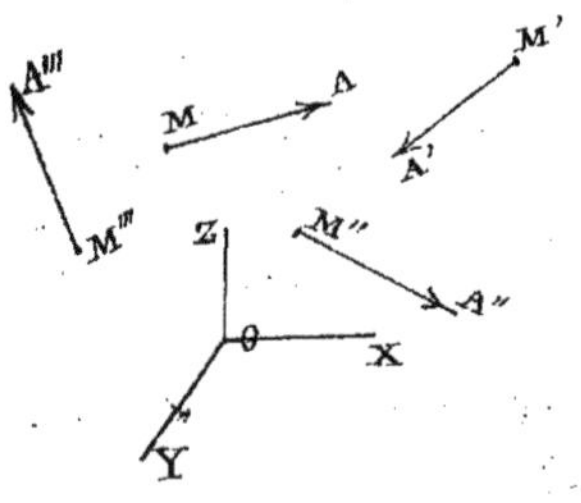

Comme la projection d'une droite résultante sur un axe quelconque est (N°. 8) somme algébrique des projections des composantes sur le même axe, on voit que :

Le moment linéaire résultant d'un nombre quelconque de droites autour d'un point fixe, a, pour projection sur un axe quelconque passant par ce point la somme algébrique des moments linéaires des mêmes droites autour de cet axe.

Et que ce même moment linéaire résultant est une résultante des trois sommes algébriques des moments linéaires des mêmes droites dont autour de trois axes quelconques OX, OY, OZ passant par le centre O des moments.

D'après ce qu'on a dit au N.° 68, si, parmi les droites données, il y en a d'égales et directement opposées, leurs moments linéaires se détruiront dans la formation du moment résultant.

Il est évident, d'ailleurs, d'après les définitions des N.os 68 et 70, que le moment d'une droite autour d'un point est la même chose que son moment autour d'un axe qui passe par ce point et qui est perpendiculaire au plan du point et de la droite.

Changement du centre des moments.

72. Connaissant le moment d'une droite MA autour d'un certain centre, cherchons quel est son moment autour d'un autre centre.

Soient O, O_1 les projections de l'ancien et du nouveau centre des moments sur le plan du tableau, que nous prenons perpendiculaire à la droite MA, en sorte qu'elle s'y projette en un seul point M. Si nous supposons, pour plus de simplicité, la longueur de MA égale à l'unité, les distances OM, O_1M de l'ancien et du nouveau centre à cette droite représenteront respectivement (définition N.° 68) les grandeurs de ses moments autour de ces centres.

Les moments linéaires, que l'on peut aussi bien tirer du point M que du point O ou O_1 seront deux lignes Mp, Mp_1, respectivement égales et perpendiculaires à OM, O_1M.

La seconde Mp_1 est résultante de la première Mp et de pp_1 (N.° [illegible]

Or, à cause de l'égalité des triangles MOO_1, Mpp_1, la ligne pp_1 est égale et perpendiculaire à OO_1, et peut être, par conséquent regardée aussi comme un moment linéaire, autour de O_1, d'une ligne égale et parallèle à MA, menée par O.

On en conclut que, pour avoir le moment linéaire d'une dr[illegible] autour d'un nouveau centre, on n'a qu'à composer son moment autour de l'ancien centre avec le moment, autour du nouveau, d'une droite égale et parallèle à la droite donnée menée par l'ancien.

Si, au lieu d'une seule droite, on en a un nombre quelconque, les moments à ajouter pour changer ainsi un ancien centre [illegible] en un nouveau O' seront ceux, autour de O_1 de droites tirées par O parallèlement à toutes les droites données : Ces moments se composent, d'après ce qu'on a démontré au N.° 69, en un seul qui sera celui de la résultante de toutes les lignes menées ainsi par le point O, c'est à dire de la résultante géométrique de toutes les lignes données. Donc :

Théorème. Le moment linéaire résultant d'un nombre quelconque de droites autour d'un centre O_1 est leur moment résultant autour d'un premier centre O, composé avec le moment, autour du nouveau centre O_1, de la résultante géométrique de toutes les droites, cette résultante étant tirée par l'ancien centre O.

Cas où la résultante géométrique est nulle.

73. Il suit de là que lorsque la résultante géométrique de toutes les droites données est nulle, leur moment résultant est le même autour de tout point de l'espace.

Par exemple si l'on n'a que deux droites qui forment ce qu'on appelle un couple, c'est à dire deux droites égales et opposées, mais non directement, comme sont les deux parallèles MA, M'A', leur moment résultant autour d'un centre pris d'une manière quelconque dans l'espace, est le même que s'il était placé en un point de l'une d'elles, en A' par exemple. Il se réduit alors à celui de MA, ou au parallélogramme A'MAM', formé sur ces deux droites.

M ——→ A

A' ←—— M'

Chapitre 4ème.

Dynamique.
Lois physiques du mouvement.
Loi générale.

Circonstances où le mouvement s'engendre.

74. Nous avons jusqu'ici envisagé le mouvement dans ses lois purement géométriques, dérivées de sa définition et des principes de la science de l'étendue, jointe à la notion du temps, en n'empruntant, du reste, à l'observation, que la loi de continuité (N.os 11, 12, 24) sur laquelle se base

déjà presque toute la Géométrie elle même.

Nous devons maintenant étudier les lois *physiques* du mouvement, ou chercher à connaître les circonstances matérielles dans lesquelles tel ou tel mouvement s'engendre : car une loi ne règle l'arrivée d'un fait qu'en spécifiant les circonstances dans lesquelles il se produit constamment.

L'observation peut seule, avec l'induction qui en systématise les résultats, nous conduire à cette connaissance.

Déjà l'observation nous a appris qu'il faut un temps fini pour qu'un corps gagne une vitesse finie ; d'où il suit que c'est au moyen d'une *accélération* constante ou variable (Nos. 25, 26, 35) possédée un certain temps, que s'engendre tout *gain* de vitesse, estimé, comme on a vu (No. 6) par la ligne qui, composée avec la vitesse antérieure, donne pour résultante géométrique, la vitesse ultérieure.

Elle apprend également que pour qu'un corps en repos prenne une accélération et par suite une vitesse, il faut que d'autres corps changent de situation par rapport à lui, à moins que ces divers corps ne changent d'état physique, comme il arrive lorsqu'on les électrise ou qu'on les chauffe.

Un corps en repos se meut, par exemple, lorsqu'un deuxième corps vient le heurter, c'est-à-dire à s'en approcher jusqu'à ce *contact* apparent qui n'est, comme l'on sait, qu'un voisinage de parties à des distances imperceptibles mais finies. Il tombe vers la terre si un autre corps, interposé entre elle et lui, vient simplement à être soustrait. Il prend encore une accélération et un mouvement si le deuxième corps avec lequel il est en relation est celui de quelqu'être animé qui, en faisant effort, rapproche davantage ses parties de celles du mobile.

Cas d'une vitesse déjà acquise. Les accélérations en sont indépendantes.

75. Il en est absolument de même lorsque le mobile, au lieu d'être primitivement en repos, se meut déjà d'une vitesse constante quelconque : il faut toujours les mêmes circonstances de changement de situation relative ou d'état physique pour lui donner la même accélération qui est, ainsi, *tout à fait indépendante de la vitesse possédée.*

On le reconnaît en observant ce qui se passe dans un bateau transporté d'un mouvement rectiligne et uniforme. Si un mobile, qui y était en repos apparent parce qu'il ne faisait que partager la vitesse commune de sa pointe, vient à être soumis à l'empire d'une des circonstances où un corps en repos dans l'espace, entre en mouvement, on remarque qu'il prend relativement au bâteau des mouvemens qui sont toujours les mêmes, quelque grande ou quelque petite que soit la vitesse de translation de celui ci, et les mêmes, par conséquent, que lorsqu'il n'a aucune vitesse.

Par exemple si on lâche ce mobile au haut du mat supposé vertical, il tombe constamment au pied comme si le bateau était en repos. Si on le pousse, si on le lance avec un certain effort, si on le heurte, si on le met en contact avec un ressort qui se détend &c, tout le monde a pu voir qu'il a mu dans le bâteau descendant le fleuve, de la même manière que dans le bâteau amarré.

Or les mouvemens du mobile relatifs aux points du bâteau sont dus aux vitesses gagnées, ou aux vitesses qui (N.° 6) composées avec la vitesse primitive & commune, donnent la vitesse ultérieure du mobile dans l'espace. Ces vitesses gagnées, et par conséquent les accélérations, sont donc les mêmes quelle que soit la vitesse initiale du mobile.

C'est ce qu'on pouvait voir, du reste, sans se placer dans un navire, en observant simplement ce qui se passe à la surface du globe terrestre où les mouvemens acquis dans des circonstances données, sont les mêmes quelle que soit leur direction par rapport au mouvement propre de la terre et, par conséquent, quels que soient les mouvemens déjà possédés en commun avec les points de cette planète.

Changemens opposés de vitesse dans le choc &c. – Leur rapport constant.

76. L'observation prouve encore que lorsqu'un corps heurte un autre corps, sa vitesse change en même temps que la vitesse de celui-ci, de manière que leurs gains de vitesse ont des sens toujours opposés ; si, par exemple, ils marchent sur la même ligne avant comme après le choc, la vitesse du corps choquant a diminué de grandeur pendant que celle du corps choqué a augmenté, d'où il suit que les gains, entendus dans l'acception générale de l'article 6, sont de sens contraires. Une chose semblable se remarque lorsque les vitesses changent sans qu'il y ait choc : ainsi, si deux barreaux aimantés sont suspendus à une petite distance l'un de l'autre, quand le premier se porte vers le second, celui ci se porte aussi vers le premier, et si le premier fuit le second, le second fuit en même temps le premier.

Cela s'observe également entre les parties d'un même corps ; ainsi lorsqu'on lâche simultanément les deux extrémités d'un ressort comprimé ou dilaté, tel qu'un morceau de caoutchouc, ces extrémités se rapprochent ou s'éloignent en se mouvant ensemble en sens opposé.

De plus, si les deux corps qui se choquent sont de même matière et de même volume, on trouve, en mesurant leurs vitesses primitives et finales, *que celle gagnée par l'un a toujours été égale à celle de sens opposé qui a été gagnée par l'autre*.

Les vitesses ainsi mesurées sont, bien entendu, celles que nous avons appelées *moyennes* (N.° 43), et qui s'estiment par celles des *centres de gravité* des corps (N.° 50), et non par les vitesses individuelles des particules qui sont ordinairement compliquées de vibrations ou de rotations. (1)

Si les deux corps diffèrent par la matière ou par le volume, les deux vitesses gagnées par le choc sont inégales, *mais constamment dans le même rapport* quelles que soient leurs grandeurs : ce rapport est inverse des volumes si les deux corps sont de même matière.

Les êtres animés eux-mêmes sont sujets à cette loi : leur volonté peut bien, en changeant *l'état physique* de leurs muscles d'une manière qui nous est inconnue, faire varier la grandeur des accélérations imprimées réciproquement à leurs parties, et, par suite, à celles des corps sur lesquels leur effort se dirige. Mais si un homme et un fardeau sont placés dans deux chariots roulant librement sur un plan horizontal, ou bien dans deux plateaux suspendus à de longues cordes verticales, de manière à ne pas recevoir d'accélérations étrangères, on verra que les centres de l'homme et du fardeau prendront des vitesses opposées et dans un rapport constant.

JJ.

(1.) On mesure facilement les vitesses, soit en adaptant à chacun des deux corps, suspendus à des fils verticaux, des styles qui tracent des courbes sur une feuille de papier verticale ayant un mouvement de translation ou de rotation uniforme (N.° 23) soit en disposant comme Mariotte (traité de la Collision des corps) des arcs gradués fixes devant lesquels se meuvent les corps et qui indiquent, par les points où on les lâche, les vitesses qu'ils ont acquises au bas des arcs, là où s'opère le choc ; et par les points où ils parviennent en remontant, les vitesses qu'ils possèdent immédiatement après le choc (Voyez plus loin.)

Rapport des vitesses mutuellement communiquées par divers corps pris deux à deux.

77. Et, ce qui n'est pas moins digne de remarque, c'est que si des corps quelconques A, A', A'',.... sont mis successivement deux à deux en relation soit par le choc, soit par les autres moyens indiqués (tels que l'électrisation, ou l'effort musculaire, ou la détente d'un ressort faisant partie de l'un des mobiles), les vitesses qu'ils se communiquent mutuellement, *sont dans des rapports marqués par des nombres constants affectés à chacun d'eux*. Si, par exemple, dans le choc de A et de A' les vitesses gagnées opposées ont été entre elles comme 1 pour A et comme 2 pour A', et si, dans le choc de A et A'' elles ont été respectivement comme 1 et 3, elles seront comme 2 est à 3, et non autrement, dans le choc de A' et de A''.

Loi générale de la mécanique.

78. Tous ces phénomènes, ou, si l'on veut, ces lois physiques particulières, s'expliquent complètement au moyen de cette loi générale:

Les corps se meuvent comme des systèmes de points ayant à chaque instant, dans l'espace, des accélérations dont les composantes géométriques, dirigées suivant leurs lignes de jonction deux à deux, et variables avec les grandeurs de ces lignes, mais non avec les vitesses des points, sont constamment égales et opposées pour les deux points dont chaque ligne mesure la distance.

En sorte qu'un point élémentaire *m* quelconque a, dans son mouvement rectiligne ou curviligne, une accélération (N° 35) qui est résultante de lignes ou d'accélérations partielles (N° 6) dirigées vers tous les autres points m', m'', m''' ... et qui dépendent (pour même état physique) de ses distances à ceux ci. *Le point m'*, de même, a une accélération composée d'autres qui sont dirigées vers m, m'', m'''.... : celle qu'il a vers m est égale et opposée à celle de m vers m'; celle qu'il a vers m'' est égale et opposée à une de celles de m'' et qui est dirigée vers m', et ainsi de même de toutes les autres accélérations partielles ou lignes composantes des accélérations qui sont, ainsi, toutes *réciproques* comme nous avons dit au numéro 44. Du reste ce que nous entendons par accélération de deux points l'un *vers* l'autre peut tendre à les éloigner comme à les rapprocher.

Vérification.

79. En effet, il résulte bien d'une pareille loi:

1°. Que les vitesses sont engendrées ou changées de grandeur et de direction ou sens *d'accélération* que prennent les points des corps et, par conséquent, graduellement et jamais instantanément (Nos 2, 11, 74.)

2°. Que ces accélérations dépendent des distances ou des situations, et peuvent bien dépendre aussi de la nature diverse ou de l'état physique des particules des corps, mais qu'elles sont indépendantes des vitesses que les particules peuvent actuellement posséder dans l'espace (N° 75)

3°. Que les vitesses moyennes gagnées par deux corps A et A' lors de leur choc &c. ... ou les vitesses acquises par leurs centres de gravité, sont opposées et ont un rapport constant. Nous avons démontré au numéro 45 cette opposition et cette raison constante, inverse du nombre des points, comme conséquences nécessaires de ce que les accélérations partielles entre tous les points sont *réciproques* ; mais il n'est pas inutile de reproduire ici le même raisonnement sous une autre forme.

Les vitesses moyennes dépendent des *accélérations moyennes* qui ne sont autre chose (N° 43), pour chacun des deux corps A, A', que les résultantes des accélérations de tous les points, divisées par le nombre de ces points. Une pareille résultante s'obtient (N° 3), en composant ensemble toutes les composantes des accélérations des points. Ces composantes sont de deux sortes : il y en a *d'intérieures*, qui ont lieu entre points appartenant au même corps A : il y en a *d'extérieures*, ou vers des points appartenant au 2ème corps A'. Les premières se détruisent comme égales et opposées deux à deux. Si donc R est la résultante des dernières, R est aussi la résultante générale des accélérations de A ; R est, par la même raison, mais en la prenant en sens opposé, la résultante générale des accélérations des points de A' puisque leurs accélérations partielles vers ceux de A sont égales et opposées à celles des points de A vers ceux de A'. Soient donc n et n' les nombres des points de ces deux corps, nous aurons pour leurs accélérations moyennes :

$$\frac{R}{n}\ ,\ \frac{R}{n'}.$$

4°. Que ce rapport est inverse de celui des volumes si les deux corps sont de même matière (même n° 76) ; car on voit qu'il est inverse des nombres de points élémentaires qu'il faut y supposer.

5°. Que si l'on a plusieurs corps quelconques A, A', A''..... dont les points élémentaires soient supposés en nombres n, n' n''..., ils feront gagner, en se heurtant deux à deux, comme nous venons de le démontrer pour ceux A et A', des vitesses proportionnelles à $\frac{1}{m}, \frac{1}{m'}, \frac{1}{m''}$ …… et par conséquent à des nombres constans affectés à chacun d'eux, en sorte que les conséquences de la loi posée sont, encore en cela, conformes à l'expérience (N.° 77.)

Conséquence.

80. Il n'est pas difficile de voir qu'on ne saurait expliquer ces mêmes faits par aucune autre loi simple.

On peut énoncer cette loi d'une autre manière que nous ne l'avons fait, on peut la partager en plusieurs lois ; on peut, pour se dispenser de parler des vitesses et de la nullité de leur influence, n'y considérer que des mouvemens <u>relatifs</u> à un système de rattachement se mouvant lui-même uniformément et rectilignement dans l'espace ; on peut faire intervenir ce que nous appellerons tout à l'heure les forces envisagées comme causes de mouvement. Elle reviendra toujours à ce qu'exprime l'énoncé que nous venons d'en donner.

Nous admettrons donc cette loi, d'ailleurs conforme à tous les autres faits observés jusqu'à présent, comme régissant tous les phénomènes de mouvement et nous en déduirons, toute la mécanique générale.

Nous appellerons quelquefois accélération d'un point vers un autre point élémentaire, l'une quelconque de ces composantes d'accélération qu'ils ont dans la direction de leur ligne de jonction avec d'autres points élémentaires et qui sont, d'après la loi, égales et opposées à des composantes d'accélération de ceux-ci vers les premiers.

Nous dirons quelquefois aussi <u>l'accélération d'un corps A vers un autre corps A'</u>, ou l'accélération moyenne de ses points vers ceux de A', pour la moyenne des accélérations partielles de ses points vers ceux de A', <u>ou pour leur résultante divisée par le nombre des points.</u> Ce serait l'accélération effective du centre de gravité du corps A dans l'espace, s'il existait seul avec A', ou si les autres corps étaient dans des situations telles que les accélérations partielles vers leurs points eussent des résultantes négligeables.

Chapitre 5.e

Chapitre 5ème.

Suite de la Dynamique. — Masses et Forces. — Poids. — Composition des forces ——— Mouvement du centre de gravité. — Etat moléculaire des corps. — Inertie. — Force centrifuge.

Masses & Forces.

81. Avant de tirer de cette loi générale énoncée au commencement du numéro 78, ses conséquences les plus utiles, dont l'ensemble constitue la Dynamique et la *Statique* pratiques, donnons la signification de quelques termes dont on se sert généralement pour exprimer ces conséquences.

On donne le nom de *Masses* à des nombres proportionnels à ceux des points élémentaires qu'il faut supposer dans les corps, comparativement les uns aux autres, pour expliquer leurs divers mouvements par cette loi, conformément à son énoncé.

On donne le nom de *Forces* attractives ou répulsives des corps considérés deux à deux, à des lignes proportionnelles aux résultantes (telles que R du 3° du N° 79) des accélérations réciproques de leurs points élémentaires les uns vers les autres d'après la même loi. Et l'on suppose généralement pour simplifier, que le rapport constant et arbitraire des forces avec ces résultantes est le même que le rapport constant des masses avec les nombres de points.

On a ainsi ces deux définitions :

Masses. *La masse d'un corps est le rapport de deux nombres exprimant combien de fois ce corps et un autre corps choisi arbitrairement et constamment le même, contiennent de parties qui, étant séparées et heurtées deux à deux l'une contre l'autre se communiquent, par le choc, des vitesses opposées égales.*

Forces. *La force ou l'action attractive ou répulsive d'un corps sur un autre est une ligne ayant pour grandeur le produit de la masse de celui ci par l'accélération moyenne de ses points vers ceux du premier et pour direction celle de cette accélération.*

Remarques sur ces dénominations.

82. A notre point de vue tout pratique, nous ne nous arrêterons pas à discuter si les masses ont quelque rapport avec les quantités de matière des divers corps hétérogènes, et, les forces, définies, comme ci-dessus, avec les causes efficientes des mouvemens qu'ils prennent, par plus que nous ne rechercherons s'il y a quelque sens métaphysique à attacher, comme on le faisait, il y a moins d'un siècle, à ces autres produits appelés forces vives que nous considérerons dans le chapitre suivant.

La dénomination de force ou d'action vient du sentiment de l'effort que nous exerçons lorsque nous voulons imprimer une accélération à un corps et de ce que, dans le langage commun, l'on attribue métaphoriquement une activité analogue à celle de l'homme, aux autres êtres, même inanimés, dans la direction desquels l'on voit des corps prendre un mouvement. Pour nous conformer à cette manière de parler qui a passé dans la science, nous dirons quelquefois qu'un corps A est sollicité par une force de grandeur F, émanant d'un autre corps B, et qui, en agissant sur A dans une certaine direction, produit une accélération j ou donne à A une vitesse $j\,t$ dans le temps t. Mais, par là, nous voudrons dire simplement que les points du corps A ont, vers ceux du corps B, des composantes d'accélération dont la moyenne a une certaine direction et une grandeur qui, multipliée par la masse m de A, donne un produit mj égal à F. Nous dirons que nous appliquons une force F à un corps A dans une certaine direction : cela signifiera que nous plaçons un ou plusieurs autres corps animés ou inanimés dans des situations ou dans un état physique tels que les accélérations des points de A vers leurs points aient une moyenne qui, multipliée par la masse de A, donne F, &c.

C'est de même que nous continuerons de dire que telle vitesse anime un corps, qu'elle lui fait parcourir tel espace en tel temps ; en entendant seulement par là que le corps parcourt des espaces qui sont les produits de cette vitesse par les temps ; &c.

Ainsi, au fond, nous n'attacherons jamais, au mot de force, pas plus qu'à celui de vitesse, d'autre signification que celle des effets qui leur sont attribués, ainsi que des circonstances dans lesquelles se produisent ces effets, constamment évalués, pour la force, par des produits de masses et d'accélérations. Et nous n'entendrons point soumettre au calcul les puissances exécutrices quelles qu'elles soient, des lois physiques particulières qui règlent invariablement la grandeur et la direction de ces accélérations pour chaque circonstance donnée.

Lors donc que l'esprit éprouvera quelque embarras à saisir la relation qu'il peut y avoir entre des forces et des accélérations, il faudra simplement se rappeler que les forces, envisagées mathématiquement, ne sont que des accélérations multipliées par les coefficients numériques appelés masses. Toute difficulté cessera et l'application pratique se fera sans hésitation, ce qui n'a pas lieu lorsqu'on expose la science en commençant par la statique traitée comme une sorte de science de causes ou de tendances, combinées et comparées entr'elles, indépendamment de tout mouvement.

Relation de la force, de la masse, et de l'accélération. Masse des points matériels.

83. Si donc F est la force, m la masse, j l'accélération moyenne des points du corps que l'on considère, ou l'accélération de son centre de gravité, on a cette relation générale :

$$F = mj$$

ou bien, v étant la vitesse élémentaire gagnée par ce centre pendant un temps infiniment petit t :

$$F = m\frac{v}{t}.$$

La force F peut n'agir sensiblement que sur une partie des points du corps : l'équation a toujours lieu.

Il faut, comme l'on voit, une force double, triple, pour donner à une même masse une vitesse double, triple, ou pour donner même vitesse à une masse double, triple.

Les équations que l'on vient d'écrire sont souvent appliquées à un seul point matériel dont m est la masse. La masse n'est pas, en effet, le nombre des points élémentaires, elle lui est seulement proportionnelle, en sorte qu'un point élémentaire a une petite masse égale à l'unité divisée par le nombre de ces points que renferme le corps choisi arbitrairement (N.° 81) pour l'unité de masse. D'ailleurs on considère aussi, en mécanique, des points matériels qui ne sont que des corps extrêmement petits, pouvant avoir des masses inégales, et dont chacun peut être regardé comme comprenant plusieurs des points élémentaires dont il est question dans la loi générale du n.° 78.

Actions et réactions.

84. On n'a pas besoin de dire que l'action d'un corps

sur un autre corps est appelée attractive ou répulsive selon que l'accélération qui s'y entre rapproche ou éloigne leurs deux centres de gravité.

Cette action quelle qu'elle soit, est égale à l'action opposée, ou, comme on dit, à la réaction du second corps sur le premier, puisque ces deux forces ou actions sont proportionnelles (N.° 81) aux résultantes des accélérations réciproques de leurs points les uns vers les autres, et que ces deux résultantes sont égales et opposées comme toutes leurs composantes.

Si m et m' sont les masses des deux corps, $j_{mm'}$ et $j_{m'm}$ leurs accélérations moyennes l'un vers l'autre et $F_{mm'}$ leur action mutuelle, on a, ainsi :

$$F_{mm'} = m j_{mm'} = m' j_{m'm}$$

en sorte que ce principe de l'égalité et de l'opposition constante de la réaction à l'action revient à la réciprocité, démontrée au N.° 45 ainsi qu'au 3.° du N.° 79, des nombres des points des corps, et par conséquent de leurs masses, aux accélérations opposées qu'ils se communiquent mutuellement lors de leur action par choc ou autrement.

Composition des forces quant à leur effet sur le centre de gravité et composition des vitesses de ce centre.

85. Voici une autre conséquence immédiate de la loi générale de la mécanique, énoncée au N.° 78, et des définitions du N.° 81:

Théorème. Lorsque plusieurs forces agissent ensemble sur un même corps, l'accélération moyenne de ses points (ou l'accélération de son centre de gravité) est résultante géométrique de celles que produirait isolément chaque force, ou est la même que si elles étaient remplacées par une force unique qui fut leur résultante géométrique.

En effet, appelons n le nombre des points élémentaires du corps A sur lequel agissent simultanément des forces F, F' F'' ....; nommons R, R', R'' ... les résultantes géométriques des accélérations partielles de ses points vers ceux des autres corps B, B', B'' .... dont les forces F, F', F'' ..... émanent respectivement, enfin R la résultante géométrique de toutes ces accélérations et F la résultante géométrique des forces F, F', F'' .... Les accélérations moyennes dues respectivement aux forces F, F', F'', seront (d'après la définition des moyennes, Chap.° 3.° N.° 43)

$$\frac{R}{n} \quad \frac{R'}{n} \quad \frac{R''}{n} \quad \ldots$$

etc.

Et l'accélération moyenne due à toutes à la fois sera

$$\frac{R}{n}.$$

Comme R est résultante géométrique des résultantes partielles R, R', R''..... $\frac{R}{n}$ est aussi (N.° 5) résultante de $\frac{R}{n}$, $\frac{R'}{n}$, $\frac{R''}{n}$ ...

Donc, conformément au théorème, l'accélération moyenne due à toutes les forces à la fois est bien la résultante géométrique de celles dues à chacune.

Au second lieu, si m est la masse du corps A, on a en vertu de la définition des forces

$$F = m\frac{R}{n},\quad F' = m\frac{R'}{n},\quad F'' = m\frac{R}{n}\ .....$$

Donc, comme F est résultante de F', F', ... et R résultante de R, R'.... (N.° 4, Théorème 2), on a

$$F = m\frac{R}{n};$$

en sorte que l'accélération moyenne $\frac{R}{n}$ prise sous l'influence de toutes les forces est bien celle qui serait due à la force unique R, qui est leur résultante géométrique.

Conséquences. **86.** Ce théorème comprend ceux que l'on connaît sous les noms de la composition des forces concourantes, de la composition des vitesses, et du mouvement du centre de gravité.

On peut évidemment l'appliquer au cas où le corps se réduit à un seul point matériel (N.° 83.)

Il en résulte :

1.° Que des forces en nombre quelconque agissant soit sur un point matériel, soit sur un système, dans la même direction, peuvent être remplacées, quant à l'accélération qu'elles donnent au point, ou au centre de gravité du système, par une force unique, égale à leur somme algébrique.

2.° Que si le point, ou le corps, est sollicité par deux ou par trois forces de direction différente représentées en grandeur et en direction (N.° 3) par les côtés contigus d'un parallélogramme ou d'un parallélipipède, ces forces peuvent être remplacées quant à leur effet sur ce point, ou sur le centre de gravité de ce corps, par la diagonale du parallélogramme ou du parallélipipède.

3.° Que l'on peut, réciproquement, remplacer une force par deux ou trois autres qui sont les côtés du parallélogramme ou du parallélipipède dont elle est la diagonale, et, par conséquent, par ses trois projections sur des axes quelconques, ou par ses deux projections sur deux axes au plan desquels elle est parallèle.

Il en résulte aussi (et on peut le considérer comme la même chose en d'autres termes, sur notre définition des forces), que l'accélération que prend le même point, ou le centre du même corps, est, dans le cas du (1°) la somme algébrique, et, dans le cas du (2°) la diagonale du parallélogramme ou du parallélipipède des accélérations que lui imprimeraient ces forces agissant séparément. Que cette accélération est, par conséquent, résultante géométrique de celles que donneraient au même point matériel ou au même centre de gravité, les sommes de projections des forces sur trois axes quelconques, rectangulaires ou obliques (N° 37.)

On voit que plusieurs forces agissant ensemble sur un point ou sur le centre de gravité d'un corps ou d'un système quelconque de corps, pendant un temps très petit, lui impriment la même vitesse que si elles agissaient l'une après l'autre, chacune pendant ce petit temps; car comme les vitesses gagnées se composent toujours géométriquement avec les vitesses antérieures et sont les mêmes quelles que soient celles ci, la vitesse finale est, dans les deux cas, résultante des vitesses dues à chaque force.

On voit aussi que pour produire ces effets composés sur le centre de gravité d'un corps ou d'un système quelconque de corps, il n'est pas nécessaire que les forces soient concourantes ou passent par ce centre; il suffit qu'elles agissent sur des points ou sur des corps appartenant au système.

Exemples familiers.

87. On connait beaucoup d'exemples familiers de ces effets de l'action simultanée de plusieurs forces sur un corps ou sur un système. Deux hommes qui hallent un bateau en marchant l'un à droite l'autre à gauche d'un canal, déterminent son mouvement suivant une ligne intermédiaire entre les deux directions obliques du tirage. Si le bateau n'est hallé que d'un côté, et dans une direction A B F, nécessairement oblique à l'axe du canal, on peut le faire marcher dans le sens de cet axe A C, en plaçant son gouvernail G V de telle sorte que l'action répulsive de l'eau sur le corps en mouvement soit représentée

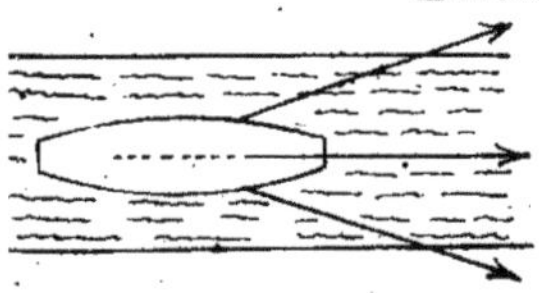

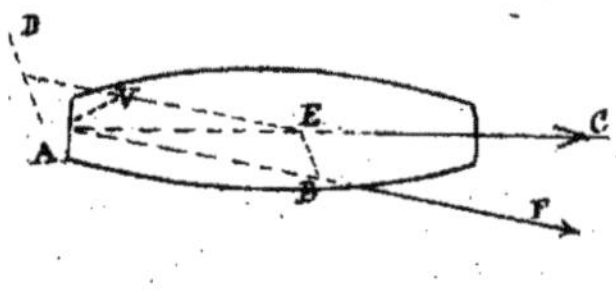

par une ligne A D qui, composée avec la force du tirage A B donne une résultante ou une diagonale A E dirigée suivant l'axe du canal.

Dans la natation, nos mains qui s'écartent à droite et à gauche, en se plaçant un peu obliquement à ce mouvement, provoquent de la part de l'eau des actions aussi obliques qui, remplacées par leur résultante, donnent une force de bas en haut pour nous soutenir, tandis que nos pieds provoquent deux actions à peu près horizontales dont la résultante nous fait progresser.

Lorsqu'un corps pesant descend le long d'un plan incliné B A, l'accélération partielle O G qu'imprime à son centre de gravité O, dans le sens vertical, la pesanteur, c'est à dire la résultante des attractions de tous les points de la terre, se compose avec l'accélération O P que lui imprime dans un sens légèrement oblique, la résultante des réactions répulsives des points du plan qui sont extrêmement rapprochés des points du corps. Son accélération, dans un sens parallèle au plan, n'est, ainsi que la diagonale O R, moindre que O G (dont nous allons donner la grandeur au numéro suivant). Si le plan est poli ou sans aspérités, la réaction O P de ses points lui est sensiblement perpendiculaire, et les triangles semblables O G R, A B C (celui-ci formé par la ligne de pente A B, une verticale B C et une horizontale A C) donnent

$$O R = O G \frac{B C}{B A},$$

ou une accélération qui est à celle de la chute libre des corps comme la hauteur du plan est à sa longueur.

Mesurage des masses et des forces.

88. Pour avoir la grandeur de la masse d'un corps quelconque on n'a qu'à le faire heurter avec le corps choisi arbitrairement (N.° 81) pour terme de comparaison et dont la masse est prise pour unité. Le rapport de la vitesse gagnée par ce dernier corps à la vitesse gagnée par le premier, donnera la masse de celui-ci, car d'après le N.° 45 ou le 3.° du N.° 79, les accélérations et par suite les vitesses opposées communiquées par le choc sont en raison inverse des nombres des points des corps et, par suite, des masses.

Pour avoir la grandeur d'une force qui agit sur un corps, on n'a, suivant la définition, qu'à multiplier la masse du corps par l'accélération communiqué, mesurée par exemple, à l'aide des appareils à style (N°. 23.)

Mais on peut, en général, se dispenser de ces mesurages de vitesses et d'accélération, qui sont délicats et difficiles, et estimer promptement les masses et les forces par le *pesage*, comme nous allons dire.

Poids en leur proportionnalité aux masses.

89. Si un corps tombe vers la terre, dans un espace vide d'air, à une distance perceptible des parois solides qui limitent cet espace, et suffisamment loin de toute influence électrique ou magnétique, son mouvement ne résulte que des accélérations de ses points vers tous les points du globe terrestre. Lorsque les points de ce corps se meuvent tous parallèlement, on a reconnu qu'ils possédaient à chaque instant de leur chute (N°. 30) une accélération constante verticale que l'on désigne par g et dont la grandeur est, à la latitude et à l'altitude de Paris,

$$g = 9^{\text{mèt}}, 80896.$$

Si ses points ne se meuvent pas parallèlement, par exemple s'il y en a qui tournent ou qui vibrent, leur centre de gravité n'en a pas moins l'accélération g.

Le produit mg de la masse du corps par cette accélération est (N°. 81) ou la *force attractive* qu'exerce sur lui la terre, ou la résultante des attractions de ses points. On appelle cette force le *poids* du corps, en sorte qu'en représentant par P le poids d'un corps dont la masse est m on a:

$$P = mg.$$

Les poids des corps sont, comme l'on voit, en un même lieu, proportionnels aux masses.

Pesage.

90. Or, il est facile de comparer entr'eux les poids des corps, à l'aide de divers instruments.

Supposons par exemple, que l'on suspende un corps pesant à un ressort, tel qu'une hélice métallique dont l'axe soit vertical, et qu'après un certain allongement le tout demeure en repos. Ce sera une preuve que les points du ressort exercent, sur le corps suspendu, une action de bas en haut, égale à son poids.

Que, successivement, l'on suspende ainsi au même point du ressort divers corps A, A', A"; s'ils le dilatent également, ils y développent les mêmes forces attractives qui, comme on a vu, dépendent des distances mutuelles des points matériels : Comme les actions attractives, dans l'état de repos, sont égales et opposées aux poids, on en conclura que les poids de ces deux corps A, A', A''.... sont égaux entre eux.

Un corps unique B qui dilatera autant le ressort que deux, trois, quatre de ces corps d'égal poids A, A', A''... suspendus ensemble au même point du ressort aura nécessairement un poids double, triple, quadruple de celui de l'un d'eux, puisque ce poids de B est égal et opposé à la même force qui est égale et opposée aussi à la somme des poids A, A', A''....

En graduant donc la tige indicatrice des grandeurs des dilatations du ressort, au moyen de la suspension successive d'un poids, puis de deux poids puis de trois poids &c. reconnus préalablement égaux, on aura un dynamomètre propre à peser les corps, c'est à dire à déterminer leurs poids comparés les uns aux autres.

On y parvient également avec un ressort comprimé ou avec un ressort fléchi transversalement et aussi au moyen d'autres instruments, la balance, le peson à levier &c. comme nous le verrons.

Comparaison des forces aux poids.

91. Ces instruments, par cela seul, peuvent servir à déterminer les rapports des masses, qui sont, comme nous avons dit, les mêmes que les rapports des poids. (n°. 89.)

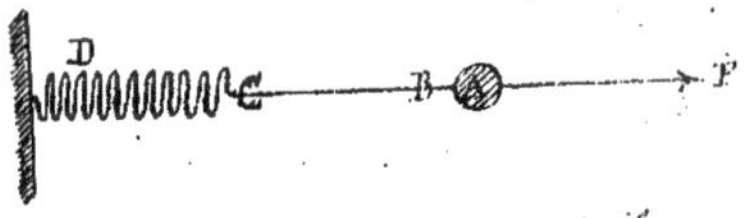

Ils peuvent, même, servir à mesurer les forces autres que les poids. Chaque force, il est vrai, d'après sa définition, et d'après la loi générale qui la fait résulter d'accélérations réciproques entre des points déterminés, n'agit que sur un seul corps et ne saurait être appliquée à aucun autre. Mais on peut attacher au corps A, sur lequel une force F agit, l'une des extrémités B d'un lien B C dont l'autre extrémité C s'attache au ressort dynamomètre D. Alors, dans l'état de repos, il y a nécessairement égalité et opposition entre la force F et l'action des points du lien sur le corps A. Comme il y a toujours égalité (n°. 84) entre les actions & les réactions mutuelles des corps, le corps A exerce à son tour une action F sur le lien qui, étant aussi en repos, doit recevoir en sens contraire, de la part du ressort, une action aussi égale à F et doit, par suite, exercer aussi une action opposée F sur le ressort. Celui-ci se comportera donc comme si la force F agissait directement sur lui, en sorte qu'en examinant, sur sa tige graduée en poids, le degré de sa dilatation ou de sa flexion, on reconnaîtra à quel poids la force F est égale.

Unité de force. Unité de masse.

92. On peut donc comparer, à l'aide des ressorts dynamométriques et, au besoin, par d'autres moyens, toutes les forces à des poids, ce qui est d'autant plus commode que les poids peuvent se retrouver identiques partout, sauf ce qui résulte des variations d'intensité de la pesanteur dont il est facile de tenir compte.

Il est donc naturel de prendre pour unité de grandeur des forces, l'unité des poids.

On a choisi pour cela le Kilogramme, qui est le poids d'un litre, ou d'un décimètre cube d'eau pure à la température de 4 degrés $\frac{1}{10}$, pour laquelle il entre le plus grand poids de ce fluide dans la capacité d'un litre.

Les forces s'évalueront donc en Kilogrammes.

Comme, en représentant par P le poids d'un corps dont m est la masse, on a (n.° 89) g exprimant toujours l'accélération due à la pesanteur.

$$P = m g,$$

Le choix de l'unité de masse est une conséquence du choix de l'unité de poids ou de force. Le corps dont la masse est l'unité, et dont nous avons parlé au n.° 81, sera celui pour lequel

$$P = g$$

c'est-à-dire un corps pesant 9 Kilogrammes, 809 grammes.

Ayant pesé un corps en Kilogrammes, on a pour la masse m, en appelant P le poids :

$$m = \frac{P}{g}.$$

En sorte que si $j = \frac{v}{t}$ est son accélération produite par une force F, ou si v est la vitesse que la force lui fait gagner pendant le temps t, on a

$$F = \frac{P}{g} j = \frac{P}{g} \frac{v}{t}$$

équation qui, au reste, résulte de la seule définition des forces, car celles F, P devant être entre elles (n.° 81, 83) comme les accélérations qu'elles donnent à un même corps, ou comme les vitesses qu'elles leur impriment dans un même temps, on a :

$$\frac{F}{P} = \frac{j}{g} = \frac{v}{gt}.$$

Observations sur ces unités.

93. Mais n'oublions pas qu'une force F n'est point connue lorsque l'on connaît seulement son rapport avec une autre force P. Il faut que P lui-même soit connu d'une autre manière. L'espace et le temps seuls, ont le privilège, par leur indéfinissabilité même, d'être connus autant qu'il est possible par leur comparaison avec un espace et un temps pris pour unités. La force n'est pas, comme eux, une quantité primitive : elle dérive de l'espace et du temps, comme les vitesses et les accélérations ; et elle a besoin, pour être connue, que l'on sache, conformément à sa définition, la grandeur de l'accélération qu'elle donne à une certaine masse : les poids sont des forces complètement connues ainsi, puisque l'expérience a fait connaître, en mètres et en fractions de mètre, l'accélération g qu'ils donnent aux masses sur lesquelles ils agissent. C'est à cause de cette connaissance préalablement acquise des poids, que l'on peut connaître les autres forces par le rapport qu'elles ont avec eux.

Cela est si vrai qu'une force exprimée par un certain nombre de Kilogrammes a une grandeur réelle différente selon le lieu où l'on se trouve, à cause de la variation de l'accélération g à différentes latitudes et altitudes (N.° 30). Tel ressort qui, à l'équateur, prendrait une certaine flexion sous un poids de 10 Kilogrammes, prendrait une flexion plus grande sous le même poids, au pôle, à égalité de températures ; et telle charpente qui supporterait une certaine charge sur une montagne du Brésil, romprait sous une charge égale dans une plaine au Spitzberg.

Heureusement que la variation de la pesanteur suivant les localités est assez faible pour que ce défaut de constance des unités de forces et de masses n'ait aucun inconvénient dans les applications, surtout si l'on considère qu'il est toujours facile de faire la correction des erreurs auxquelles il pourrait donner lieu (N.° 30 & notes).

Actions moléculaires.

94. Les composantes réciproques d'accélération entre les points élémentaires des corps, ou les actions égales et opposées qu'ils exercent les uns sur les autres suivant leurs lignes de jonction, varient de grandeur, avons nous dit, avec ces lignes (N.° 78.)

Elles varient aussi de sens. Pour certaines grandeurs de la distance, ces actions sont attractives ; pour d'autres grandeurs elles sont répulsives.

Lorsque les distances sont extrêmement petites, les actions mutuelles des points matériels sont toutes répulsives, et indéfiniment croissantes à mesure que les distances deviennent moindres, comme on le voit par l'augmentation indéfinie de l'effort à déployer pour les rapprocher l'une de l'autre, à mesure qu'elles sont déjà plus rapprochées.

Lorsque les distances deviennent plus grandes, mais cependant toujours imperceptibles à nos sens, les répulsions, après avoir diminué, d'une manière continue, s'annulent puis se changent en attractions qui, d'abord faibles, croissent avec la distance supposée toujours imperceptible, ainsi qu'on le reconnait, par exemple, par la difficulté croissante d'allonger un corps solide en tirant ses extrémités en sens opposés.

Pour des distances plus grandes entre les particules, l'attraction diminue, en sorte que, pour des distances perceptibles, elle devient incomparablement moindre que pour des distances imperceptibles; et elle varie alors, sensiblement, selon la raison inverse des carrés des distances, en sorte qu'elle diminue indéfiniment sans devenir jamais nulle quelque grande que soit la distance. (1)

C'est à cette diminution de l'attraction qui s'exerce entre les points matériels à de grandes distances, dans le rapport des carrés de ces distances qu'est due principalement la petite diminution de la pesanteur ou de l'accélération g, soit quand on s'élève sur des montagnes (N.° 30) soit quand on se transporte, sans changer de niveau, en des points où la latitude géographique est moindre et qui sont par cela seul plus éloignés du centre du sphéroïde terrestre qui est renflé à l'équateur et aplati aux pôles.

---

(1) Nous ne nous occupons pas ici d'examiner, si l'attraction seule est la propriété essentielle de la matière et si la répulsion n'est qu'un effet en quelque sorte étranger, provenant de la chaleur latente. Beaucoup d'auteurs le pensent. Mais Ampère observe (Bibl. univ. de Genève t. 49, p. 225) que s'il en était ainsi il faudrait malgré les analogies de plus en plus intimes que l'on trouve entre la chaleur & la lumière, renoncer à expliquer celle là comme on explique celle ci, par les vibrations des particules, car les vibrations supposent des actions répulsives naturelles; et une remarque de Newton (Optique, second avertissement, en question 21.e du liv. 3) à laquelle un savant a donné une suite il y a quelques années, semble rendre bien plus probable que ce sont les répulsions qui sont naturelles, et que les attractions apparentes des corps pondérables viennent des répulsions inégales que l'éther exerce sur eux, explication qui a quelque analogie avec celle de l'attraction apparente de deux corps flottans sur la surface d'un liquide qui ne les mouille pas.

Élasticité.

95. Mais examinons les conséquences des variations d'intensité et de sens des actions moléculaires à des distances insensibles, principalement entre molécules d'un même corps solide.

Dans l'état de repos, les points de ce corps se placent à des distances mutuelles telles que les forces, qui dépendent de ces distances se contrebalancent ou ont une résultante nulle sur chaque point.

Que des forces extérieures viennent à changer les distances de ces points, par exemple en comprimant ou en dilatant le corps : il se développera par cela seul de nouvelles forces intérieures. Chaque rapprochement entre molécules très proches augmentera leur répulsion ou diminuera leur attraction, et chaque éloignement entre ces molécules produira un effet opposé : le corps résistera donc à la continuation de la compression ou de la dilatation, et, si elles n'ont pas été jusqu'à changer sa contexture ou l'arrangement mutuel de ses particules, il reviendra à sa première forme dès que les actions extérieures auront cessé. C'est dans cette propriété que consiste l'élasticité des corps. Elle tient, comme l'on voit, au jeu de ces actions moléculaires, variables d'intensité et de sens avec les distances.

Transmission des mouvements dans un corps :

Que sans agir, à la fois, sur les deux extrémités de ce corps, (supposé pour fixer les idées, avoir la forme d'une tige prismatique) pour les rapprocher ou les écarter, on vienne à pousser simplement l'une de ces deux extrémités ; les points de ce côté du corps, ainsi sollicités et recevant une accélération, se rapprocheront un peu d'autres points du même corps. Quelque faible que soit ce rapprochement il développera des répulsions qui feront mouvoir ces derniers points, lesquels, à leur tour, se rapprochant ainsi d'autres points, développeront d'autres répulsions qui feront mouvoir ceux-ci, et ainsi de suite, jusqu'à la deuxième extrémité du corps. C'est ainsi qu'en poussant une des extrémités tout le corps entre en mouvement, et en apparence comme si la force appliquée à une des parties de ce corps, agissait à la fois sur toute sa masse, mais, dans le fait, pendant un temps que des expériences délicates permettent d'apprécier malgré sa brièveté.

Si, au lieu de pousser une extrémité, on la tire, il se développera, au lieu de répulsions, des attractions, produites par des éloignements insensibles mais réels, et le corps tout entier sera tiré du côté où une seule de ses parties est sollicitée.

Vibrations.

C'est encore par le jeu des actions moléculaires, variables suivant les distances, que s'expliquent les vibrations des corps, notamment celles auxquelles est dû le son.

Effets des liens et des tiges.

C'est, aussi, par suite des petites compressions et dilatations qu'ils éprouvent, et du développement d'attractions et dilatations intérieures qui en résultent, que les liens, les tiges et autres pièces des mécanismes ou des charpentes transmettent les efforts ou les mouvements.

Action des supports, et *pressions* qu'ils éprouvent.

C'est également, à la suite d'une petite compression, nécessaire au développement d'actions répulsives, qu'un support, tel qu'une table, devient capable de soutenir un corps pesant ou de neutraliser son accélération de haut en bas vers la terre par une accélération de bas en haut provenant de ces actions développées.

Ce qu'on appelle la *pression* du corps pesant contre le support n'est point une force d'une *espèce particulière*, ou un effet particulier de la pesanteur, ne rentrant point dans l'effet général des forces, et par lequel on les a ci-dessus définies, de donner des accélérations partielles. La pression est à la fois, une *compression* ou un petit déplacement moléculaire engendré nécessairement par une accélération et est une *composante d'accélération* égale à $g = 9^{m}.809$ comme lorsque le corps tombe, mais contrebalancée, lorsqu'il est posé, par une composante contraire émanant des molécules du support, en sorte que l'accélération résultante ou réelle dans l'espace est nulle et reste nulle tant que chacune de ses deux composantes est égale et opposée à l'autre.

Inertie, et effets qu'on lui attribue.

96. Bien qu'il ne répugne pas plus à l'esprit de supposer qu'un corps ait le pouvoir de *graviter* vers d'autres corps ou de les fuir plus ou moins vivement selon ses positions par rapport à eux, que d'admettre que chaque corps a la puissance d'attirer ou de repousser les autres corps plus ou moins fortement selon les mêmes circonstances, il convenait, en faisant intervenir les pouvoirs moteurs ou les forces dans l'énoncé des faits qui sont du domaine de la science du mouvement, d'adopter l'une de ces deux suppositions à l'exclusion de l'autre, afin de parler un langage constant et uniforme.

C'est la seconde supposition qui a prévalu.

On a donc coutume de faire résider *hors du corps* qui prend une accélération ou un gain de vitesse dans une circonstance déterminée, la cause, la force qui produit ce gain de vitesse ou cette accélération. Tout point matériel est, aussi, considéré comme capable de donner du mouvement à tous les autres points matériels dans l'univers, chacun dans la juste mesure qui résulte des lois qui lient les accélérations et les distances. Mais, quant à ce qui lui est relatif, on le suppose incapable de changer son état de repos ou de mouvement et on lui accorde seulement en partage, la propriété de rester en repos, s'il est en repos, ou de conserver sans altération sa vitesse s'il en a déjà une, tant qu'aucune force, émanant d'autres corps, ne vient changer cet état.

C'est cette propriété qu'on appelle *l'inertie*.

D'après cela, on attribue à l'inertie les effets du genre des suivants :

1° Lorsqu'on frappe le manche d'un outil contre un corps fixe, cet outil s'enfonce sur son manche ; c'est qu'en vertu de son *inertie*, son mouvement continue pendant que celui du manche cesse.

2° Réciproquement, si l'on frappe sur ce manche, l'outil, en vertu de son inertie, reste en repos ou se meut moins vite, ayant plus de masse et n'étant d'ailleurs sollicité que par un frottement et non par un choc qui met en jeu des forces bien plus intenses ; et le manche s'enfonce encore dans la douille ;

3° Si une voiture s'arrête brusquement, les personnes qu'elle contient continuent leur mouvement en vertu de leur inertie, et vont tomber quelquefois en avant.

4° Si une balle de plomb est lancée avec une arme à feu contre un carreau de vitre suspendu à une ficelle, elle y fait un trou rond sans le briser et en le dérangeant à peine de sa position : on attribue cet effet à l'inertie de la partie du carreau non choquée ; il offre aussi la preuve que le mouvement ne se transmet pas instantanément à toutes les parties d'un corps solide (N° 95).

5° Au moment où on lâche l'un des deux fils d'une fronde avec laquelle une pierre tournait circulairement, cette pierre, *en vertu de l'inertie*, s'échappe suivant la tangente au cercle parceque, n'étant plus sollicitée par la main qui tenait les deux fils, elle persevère dans son mouvement qui a lieu, à cet instant, suivant un *élément* du cercle, élément dont le prolongement est la tangente.

Inertie envisagée comme force.

97. Mais on donne quelquefois à l'inertie une acception plus étendue; on l'envisage et on la traite dans le calcul comme une force, pour la commodité du langage & des solutions.

Elle n'est, alors, que *la résultante géométrique des réactions du mobile contre les corps dont émanent les forces qui le sollicitent.*

On regarde cette résultante comme donnant une sorte de mesure de la résistance du corps à changer d'état ou à se laisser imprimer l'accélération qu'il reçoit de ces forces extérieures.

Cette résultante est, en effet, nulle si le corps persévère dans son repos ou sa vitesse antérieure et ne prend aucune accélération, car alors la résultante, égale & opposée, des forces extérieures qui agissent sur lui, est nulle. C'est ce qu'on exprime en disant que ces forces sollicitantes *se font équilibre* (voyez ci après).

Mais dès que le mobile prend une accélération, la résultante des actions n'est point nulle: elle a pour valeur le produit de la masse par son accélération totale ou effective dans l'espace. La résultante des réactions n'est donc pas nulle: *elle est exprimée par le produit de la masse et de l'accélération prise en signe contraire.*

Ce produit est la mesure de ce qu'on appelle *la force d'inertie* ou *la résistance qu'oppose l'inertie,* résistance variable suivant le mouvement qu'on imprime au mobile.

C'est une force comme les autres, en tant que c'est un produit de masse et d'accélération (n.° 80). C'est aussi la force qui serait accusée par la graduation d'un ressort dynamométrique que l'on interposerait entre le mobile et un point sur lequel agiraient directement les forces qui le sollicitent.

Ainsi, lorsqu'on tire brusquement de bas en haut, un ressort auquel un corps pesant est suspendu, ce ressort se dilate, et si la tige indicatrice de sa dilatation est graduée en poids (N.° 90), elle indiquera, de plus que le poids du corps, sa réaction ou le produit de sa masse par l'accélération de bas en haut qu'on lui imprime, c'est à dire précisément ce qu'on appelle sa force d'inertie. Si, au lieu d'un ressort, c'est par un fil que le corps est suspendu, la traction brusque de bas en haut pourra déterminer la rupture du fil <u>en vertu de l'inertie</u> du corps. Si, au contraire, le corps est tiré avec un effort constant, capable de vaincre seulement son poids et d'entretenir un mouvement ascensionnel uniforme, le ressort ou le fil ne prend pas une tension nouvelle, et l'inertie du corps n'est point en jeu et ne produit aucune résistance.

Il est évident que les forces qui agissent sur un corps en mouvement sont en équilibre avec son <u>inertie</u> puisque ce qu'on appelle ainsi est une force égale et contraire à leur résultante. La considération de la force d'inertie peut donc servir à traiter des questions où il y a mouvement de la même manière que des questions d'équilibre, ce qui peut être propre à rendre les énoncés plus uniformes et à simplifier les solutions principalement dans les cas où ce que l'on cherche à déterminer est une force et non un mouvement.

C'est, par exemple, sous cette forme que l'on fait en ligne de compte ce qui vient du défaut d'uniformité du mouvement dans le calcul de l'effet ou des moteurs des machines, ou de la pente ou du débit des courants d'eau &c...

Aussi bien la force d'inertie est un produit de masse et d'accélération comme les autres forces. Elle a, sous ce rapport, tout autant de réalité, et l'on peut la <u>composer</u> avec elles si cette <u>composition</u> n'est, comme nous l'avons toujours entendu, qu'une opération géométrique.

Mais, avec la définition que nous avons donnée des forces (N.° 8) et avec notre point de départ pris (N.° 78) dans une loi physique où il n'est question que de mouvement, c'est-à-dire de temps, d'espace et de matière, la considération de l'inertie n'est nullement une nécessité et nous pourrions exposer toute la mécanique par la considération des forces d'attraction et de répulsion mutuelles, sans seulement parler de cette force (l'inertie) ayant une nature si particulière et un nom si peu en rapport avec l'activité et la capacité de <u>travail</u> (Voyez ci-après) qu'on lui attribue. (1).

---

(1) Depuis longtemps l'observation a été faite que définir les forces „tout ce qui change un mouvement „, et poser ensuite comme une loi de la nature que tout mouvement reste le même s'il n'y a quelque force, revient à dire que <u>tout mouvement reste le même à moins qu'il ne change</u>, ce qui est une identité.

Force centrifuge.

98. La force d'inertie, ou de réaction d'un mobile contre ce qui le sollicite, que l'on est dans le cas de considérer le plus souvent en mécanique, est la force centrifuge.

On donne quelquefois ce nom à la propriété en vertu de laquelle un mobile mû dans une courbe s'échappe par la tangente (comme nous avons dit pour la fronde) dès qu'il n'y est plus retenu, ou qui fait qu'il s'écarte du centre de rotation s'il est enfilé à frottement doux sur une tige que l'on vient à faire tourner.

Mais, envisagée comme force, la force centrifuge d'un corps qui se meut est la résultante des réactions répulsives ou attractives qu'il exerce, dans un sens normal à son mouvement, contre les autres corps qui, par leur attraction ou leur répulsion déterminent la courbure de ce mouvement.

La force centrifuge est, par conséquent égale au produit de la masse par l'accélération normale prise en sens opposé.

Nous avons trouvé aux n.os 41 et 42 l'expression de cette accélération. Elle est égale au carré de la vitesse divisé par le rayon de courbure. On a donc, m étant la masse d'un mobile, v sa vitesse, r son rayon de courbure

$$m\frac{v^2}{r}$$

pour la grandeur de sa force centrifuge, dont la direction est, dans le plan de deux élémens consécutifs de la courbe, celle d'une normale tirée du mobile du côté de la convexité de sa trajectoire.

L'introduction de cette force au nombre de celles qui agissent sur le mobile permet de traiter, comme questions d'équilibre, des questions sur la grandeur des forces qui agissent sur lui, sans avoir à considérer son mouvement.

La force centrifuge se manifeste dans une foule d'expériences ou de phénomènes naturels.

1°. Lorsqu'un corps attaché à une extrémité d'un fil tourne autour de l'autre extrémité du fil supposée fixe, le fil est d'autant plus tendu que la vitesse est plus grande. Cette tension plus ou moins grande est, lorsqu'on l'envisage, comme un effet produit sur le fil, une dilatation de ce fil, d'une grandeur insensible si le fil est de chanvre, mais très sensible si le fil est d'une matière très extensible, comme le caoutchouc, ou s'il a la forme d'un petit ressort en hélice. Elle vient de la réaction $m\frac{V^2}{r}$ que le corps exerce contre le fil dont l'action attractive l'oblige à dévier de la ligne droite et à se mouvoir circulairement.

En même temps le corps exerce, par l'intermédiaire du fil, une réaction sur le point d'attache, autour duquel la rotation a lieu : elle est égale et opposée à l'action qu'exerce ce point sur le corps, toujours par l'intermédiaire du fil.

2° Une meule de grès vole en éclats lorsqu'un mouvement de rotation très rapide donne à la force centrifuge des parties proches de sa circonférence une intensité plus grande que leur adhérence avec les parties plus proches du centre ; ou, en d'autres termes, lorsque celles-ci sont obligées pour produire l'inflexion du mouvement de celles-là, d'exercer sur elles une action supérieure à la résistance, en général faible, qu'oppose le grès à la rupture par traction.

3° La force centrifuge empêche un verre rempli d'eau de se vider et de tomber, bien que son fond soit vertical, si ce fond est appliqué contre la circonférence intérieure d'un cerceau horizontal qui tourne très rapidement autour d'un axe vertical situé à une certaine distance du verre.

4° C'est encore elle qui soutient momentanément dans une position renversée un petit wagon roulant contre deux rails fixes qui offrent en projection verticale, la forme d'une circonférence de cercle. Si V est la vitesse du wagon quand il est au point le plus haut, si R est le rayon du cercle et si j est l'accélération due à l'action qu'exercent les rails sur le wagon dans le sens du rayon du cercle tiré du centre de gravité du wagon au centre du cercle, on doit avoir, au point où ce rayon est vertical et dirigé de haut en bas :

$$\frac{V^2}{R} = g + j,$$

car $\frac{V^2}{R}$ est l'accélération normale effective ou totale de haut en bas ; g et j sont ses deux composantes, l'une vers les points du globe terrestre, l'autre à l'opposé des points du rail.

On voit que $\frac{V^2}{R}$ doit excéder g, ou, en multipliant par la masse m du wagon et de la personne qu'il peut contenir, on voit que la force centrifuge $m\frac{V^2}{R}$ doit excéder le poids mg.

Si la circonférence décrite par le centre de gravité a 4 mètres de diamètre en sorte que $R = 2$, il suffit que la vitesse V excède $\sqrt{gR} = \sqrt{2 \times 9^{m} 809} = 4^{mes} 429$ par seconde, ou à peu près la vitesse des malles-postes, (4 lieues de 4000mes à l'heure) pour que le wagon se soutienne ainsi contre ses rails dans toutes ses positions.

5° On tire parti de la force centrifuge, ou de l'accélération normale, très souvent dans les arts. On s'en sert, comme on verra dans une autre partie du cours, pour modérer et régler le mouvement des machines à vapeur ou des roues hydrauliques, pour sécher rapidement le linge et pour produire par les ailes des tarares, les courants d'air qui servent à nettoyer le blé.

Influence de la force centrifuge sur la pesanteur terrestre.

99. C'est à cette même force qu'on attribue le renflement de la terre à l'équateur et son aplatissement aux pôles qui forment les extrémités de son axe de rotation diurne; et c'est encore à son action de tous les mistères qu'on doit attribuer en partie l'augmentation de la pesanteur avec la latitude ou avec la distance à l'équateur; car, en tous lieux, la pesanteur, que l'on mesure par l'accélération g prise par un mobile, non dans l'espace, mais relativement à la terre (N.° 1) est résultante de l'attraction de cette planète sur le mobile et de la force centrifuge, ou, ce qui revient au même, cette accélération g vient à la fois des composantes d'accélération que possèdent, dans l'espace, les points du mobile vers ceux du globe terrestre d'après la loi générale du N.° 78 et de l'accélération qu'aurait, pour s'éloigner de l'axe de la terre, un point se mouvant avec une vitesse due à sa rotation, mais suivant la tangente au cercle que cette rotation fait décrire.

En donnant à g cette valeur qui est précisément celle que fournissent les expériences (Note du numéro 30) on peut, comme nous avons annoncé à la note du numéro 1, traiter dans la plupart des questions, les mouvements relatifs à la terre comme des mouvements absolus.

Chapitre 6.e

Chapitre 6ème.

Suite de la Dynamique. Travail et Puissances vives.

Travail d'une force constante agissant dans la direction de l'espace parcouru.

100. Tout travail mécanique a pour objet de transporter d'un lieu dans un autre quelque portion de matière. Façonner du bois, moudre du blé, labourer un sol, c'est transporter, déplacer leurs parties les unes par rapport aux autres.

Ce déplacement exige un emploi de forces, tant pour imprimer la vitesse avec laquelle il doit s'opérer, que pour vaincre d'autres forces qui se développent à son occasion et qui résistent généralement à sa continuation. Ainsi l'on ne peut élever de l'eau sans opposer, à son poids, une force agissant de bas en haut; on ne peut tailler, fendre ou broyer un corps dur sans contrebalancer continuellement les actions attractives nouvelles engendrées nécessairement par l'écartement qu'on fait subir à leurs particules (N.° 95.).

Mais tout emploi de forces n'est pas un travail. Un cheval attelé une journée entière sur une charrette embourbée n'en produit aucun si la charrette ne se meut pas. On emploie bien quelquefois un homme à soutenir un fardeau, tel qu'une pièce de charpente, sans avoir à la soulever, mais ce n'est que par exception et pour quelques instants seulement, par exemple en attendant qu'on y assemble quelque autre pièce. Si la nécessité de maintenir le fardeau à la même place devait durer, on ne manquerait pas de remplacer l'homme, dans cette tâche de cariatide, par un étai, un cordage, un lien, c'est-à-dire par quelque chose qui n'est ni un être animé, ni même un moteur inanimé, capable d'un véritable travail.

Tout travail suppose donc un effort exercé et un espace parcouru.

Si l'espace est parcouru dans le sens même de l'effort, le travail est évidemment en raison directe de l'un et de l'autre.

Ainsi un manœuvre qui monte un seau d'eau en tirant

une corde ou une charge de bois en gravissant un escalier, deux paires de bœufs qui tracent un sillon, un menuisier qui détache un copeau, une chute d'eau ou un moulin à vent qui fait manœuvrer une scierie à plancher, produisent évidemment double travail pour une hauteur double d'élévation du fardeau, pour une longueur double du sillon, du copeau ou du trait de scie. Le travail est donc en raison de l'espace.

Le travail est aussi en raison de la force. Le manœuvre, avec un effort double, eut élevé, de la même hauteur, deux fois plus d'eau dans chaque portion de sa journée, ou deux fois plus de bois à chacune de ses ascensions à l'étage où il faut le monter, de manière à accomplir toute sa tâche en dix voyages au lieu de vingt. Une force double dans les bœufs eut permis de n'en employer qu'une paire au lieu de deux, en sorte que l'autre paire eut pu tracer, dans le même temps, un second sillon semblable. Un menuisier deux fois plus fort eut pu faire usage d'un fer de varlope deux fois plus large et détacher ainsi, du même coup, la valeur de deux copeaux &c. &c. . . .

Ces considérations justifient & rendent naturelle la dénomination de travail donnée à une quantité qui joue, comme nous allons voir, un rôle important en mécanique, et dont la considération facilite singulièrement ses applications. Ainsi :

Définition. On appelle travail d'une force constante, pour un certain espace parcouru dans sa direction et son sens, le produit de cette force par l'espace.

Unité de travail mécanique.

101. Comme l'unité de force est le Kilogramme, l'unité de l'espace, le mètre, l'unité de travail sera celui de la force d'un Kilogramme faisant parcourir un mètre dans sa direction et son sens.

Cette unité s'appelle le Kilogrammètre, et s'indique ainsi : $K \times m^e$ ou $K.m.$

Ainsi :

Définition. L'unité de travail, ou le Kilogrammètre est le travail nécessaire pour élever d'un mètre un poids d'un Kilogramme.

En conséquence $1000^{K \times m^e}$ représentent le travail de l'élévation de 1000 Kilogrammes à la hauteur d'un mètre ou de 100 Kilogrammes à la hauteur de 10 mètres, ou de 10 Kilogrammes à la hauteur de 100 mètres. C'est, en effet, la même chose, si le poids à élever est fractionné en charges de 10 Kilogrammes chacune. Nous verrons, par la suite, que l'on peut toujours, au moyen des machines, obtenir le fractionnement qui est le plus commode dans chaque cas, ou transformer à volonté l'un des deux facteurs en maintenant le produit le même.

Soient, en général, F la force en Kilogrammes, E l'espace en mètres; on a ainsi, pour son travail :

$$F E^{K.m.}.$$

Travail d'une force variable.

102. Lorsque la force appliquée varie de grandeur pendant la durée d'un travail, comme cette variation a lieu avec continuité (Nos 2, 11, 26, 81), cette force peut être regardée comme constante pendant que chaque portion infiniment petite de l'espace est parcourue, et le travail est la somme des produits de ces espaces élémentaires par la grandeur correspondante de la force, que l'on suppose agir toujours dans la direction et le sens des espaces.

Nous pouvons obtenir cette somme d'un nombre infini de produits au moyen d'une aire, comme nous avons fait au n° 28, en portant, sur une ligne d'abscisses OE, des longueurs Op égales aux espaces E parcourus depuis l'instant où a commencé le travail à évaluer, et en élevant des ordonnées pm représentant les intensités correspondantes des forces de manière à avoir une courbe figurative A m m' B. Pendant que l'espace infiniment petit $pp' = e$ est parcouru, la force peut être prise égale à la demi-somme $\frac{pm + p'm'}{2}$ des deux ordonnées infiniment peu différentes qui répondent aux points p, p' ; le travail Fe sera ainsi l'aire $\frac{pm + p'm'}{2} \cdot pp'$ du petit trapèze $p\,m\,m'\,p'$, et le travail total sera la somme de trapèzes analogues; D'où il suit que jusqu'à l'instant où la force est $m\,p$, le travail est <u>l'aire OA m p comprise entre l'axe des abscisses, la courbe des forces et les ordonnées répondant aux deux instants où commence et où finit le travail qu'on veut estimer.</u>

Cette aire sera obtenue par la méthode de <u>quadrature</u> de Simpson si l'on ne se trouve pas dans un cas particulier où elle puisse être évaluée plus facilement de quelqu'autre manière.

Dynamomètres à style.

103. La courbe AB des forces, et son axe AE des abscisses ou espaces parcourus correspondants, sont tracés spontanément, dans beaucoup de cas, par les styles d'un dynamomètre à ressort. Nous avons dit (N° 90) que les flexions des ressorts pouvaient servir à mesurer les forces, par

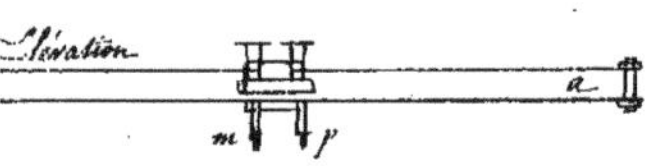

leur comparaison aux poids qui produisent des flexions semblables. Or, on a reconnu que les flexions sont, dans certaines limites où l'on a soin de se tenir, proportionnelles aux forces qui les produisent. Si donc on a deux lames d'acier a a, b b égales et parallèles, reliées par des brides à articulation a b, a b dans lesquels s'engagent de petits boulons sur lesquels les lames tournent librement à leurs extrémités, et si, au moyen de griffes c c, d e embrassant les milieux des lames on peut atteler au milieu de la lame antérieure a a la force à mesurer, telle que l'effort d'un cheval, et fixer le milieu de la lame postérieure, à l'objet, tel qu'une charrue, sur lequel la force doit agir, on aura, à chaque instant, par la quantité dont les milieux des lames se sont écartés, de plus que leur distance primitive, la somme de leurs deux flexions, et par conséquent, une quantité proportionnelle à l'intensité de la force de traction exercée par le cheval sur la charrue par l'intermédiaire de ce dynamomètre.

On conserve la trace des grandeurs successives de l'écartement au moyen d'une disposition particulière qui fait glisser, sous les lames, une bande de papier parcourant des espaces proportionnels à ceux parcourus par la charrue ou tout autre objet mis en mouvement, et en fixant, aux deux griffes, des pinceaux verticaux m, p constamment imbibés d'encre de la Chine. Le pinceau postérieur p trace constamment une ligne droite parceque les axes des rouleaux qui fournissent le papier sont fixés aux mêmes à la griffe postérieure. Le pinceau m, fixé à la griffe antérieure d e se trouve sur la même droite lorsqu'aucune force n'est attelée à l'anneau e de cette griffe, ou lorsque les deux lames n'éprouvent aucune flexion ; mais lorsqu'une flexion s'opère, le pinceau antérieur m s'écarte et trace une ligne généralement sinueuse. Les distances des points de cette ligne à la ligne droite tracée par le pinceau postérieur p donnent les grandeurs successives de l'écartement et par conséquent de la force. D'où il résulte qu'en prenant la ligne droite tracée par m pour axe des abscisses, la ligne tracée par p est une courbe comme celle du numéro précédent ayant des ordonnées proportionnelles aux intensités de la force, et des abscisses proportionnelles aux espaces parcourus.

Effort moyen.

104. Les ondulations nombreuses dont la courbe ainsi obtenue est affectée lorsque la force à mesurer est l'effort d'un animal, tient aux coups de collier et aux autres causes qui rendent cet effort extrêmement variable, surtout lorsque la résistance à vaincre varie aussi, comme celle, par exemple, qu'oppose au mouvement d'une charrue ou d'une charrette, un sol ou un chemin toujours plus ou moins hétérogène. Mais ces ondulations sont limitées, et la force oscille autour d'une certaine grandeur qu'on appelle *l'effort moyen*.

Cet effort moyen s'obtient lorsque, après avoir déterminé l'aire $p\,m\,m'\,p'$ comprise entre une portion $m\,m'$ de l'axe des abscisses des espaces, les deux ordonnées extrêmes $p\,m$, $p'\,m'$ et la courbe m des efforts, tracée par le pinceau antérieur, on divise cette aire qui représente le travail, par l'espace parcouru $p\,p'$. On a, ainsi, la hauteur $p\,n = p'\,n'$ du rectangle $p\,n\,n'\,p'$ qui a la même aire que l'espace curviligne et l'on a, par conséquent, la mesure de l'effort constant qui produirait le même travail mécanique que l'effort variable observé pour même espace parcouru. C'est l'effort moyen : c'est celui qu'il importe ordinairement le plus de connaître.

Dynamomètres totalisateurs.

105. Il y a, au reste, des dynamomètres que l'on appelle *compteurs* ou *totalisateurs* sans styles ni bandes de papier, donnant directement la quantité de travail d'une force variable.

On en a construit, aussi, de moins parfaits, qui donnent d'une manière approchée, l'effort moyen.

On les décrira dans une autre partie du cours.

Travail en réserve.

106. Lorsqu'on *tend* un ressort (en le comprimant, en le dilatant, en le fléchissant ou en le tordant) il faut exercer un certain travail.

Le ressort, en se détendant, peut restituer tout ce travail, ca peut faire effort à son tour et servir de moteur, et comme les attractions ou répulsions de ses parties dépendent de leurs distances mutuelles (N.os 78, 90, 95) il passe par les mêmes degrés de force en passant par les mêmes tensions; d'où il suit que le travail qu'il exercera comme moteur se composera exactement de la même somme de produits élémentaires Fe (N.o 102) que le travail qu'il a subi comme mobile.

Il faut pour cela, bien entendu, que l'arrangement de ses particules ne soit pas altéré, ou qu'il reprenne sa première forme.

Un ressort offre donc un moyen d'approvisionner, d'emmagasiner du travail.

On s'en sert ainsi pour les montres, les pendules. Un arc tendu ou de l'air comprimé dans un fusil à vent, est aussi du travail mécanique emmagasiné.

Il en est de même d'un poids soulevé: il peut fournir, en redescendant, le travail dépensé pour son ascension. On s'en sert ainsi pour mouvoir les horloges &c.

Une foule d'objets naturels ou de produits de l'industrie humaine offrent ainsi du travail en réserve et plus ou moins disponible pour nos usages: les combustibles; les liquides vaporisables, la poudre, l'eau d'un bief ou d'un bassin élevé &c. et même, jusqu'à un certain point, les fourrages ou autres substances alimentaires qui entretiennent la vie des animaux et renouvellent leur capacité de travailler.

Travail résistant ou négatif.

107. Lorsqu'une force, dirigée toujours dans la ligne du mouvement, agit dans un sens opposé, on dit encore qu'elle produit un travail, mais un *travail résistant* et *non moteur*. Il s'estime toujours par le produit de la force et de l'espace, mais en prenant celui-ci négativement, en sorte qu'alors le *travail est négatif*.

Ainsi lorsqu'on élève verticalement un fardeau, son poids produit un *travail résistant*. Ce travail, opposé au travail moteur, lui est justement égal dès que le mouvement, après quelques instants de mise en train, est *devenu uniforme*. En effet, alors, le fardeau ne prend plus d'accélération: la résultante de son poids et de la force de traction de bas en haut est donc nulle (N.o 85), c'est-à-dire que ces deux forces sont égales et opposées et leurs travaux le sont aussi. C'est à l'égalité et à l'opposition de ces deux travaux ou de ces deux forces qu'est due la continuation du mouvement imprimé et la conservation de la vitesse d'ascension, qui diminuerait et s'annulerait bientôt si le travail moteur cessait de vaincre le travail résistant.

Nous verrons bientôt que le travail moteur a besoin, en outre, de vaincre certains travaux résistants qui sont étrangers à l'effet à produire, et qui sont dus aux frottements &c. entrant en jeu à l'occasion des mouvements produits.

Travail d'une force n'agissant pas dans la direction du chemin parcouru.

108. Lorsque la force F qui agit sur un point mobile M, a une autre direction que celle M E du mouvement qu'il prend, elle ne laisse pas de produire un travail. C'est ainsi que des hommes qui font efforts sur les tirandes p, q, r, s d'une sonnette à battre des pieux contribuent tous, malgré l'obliquité de leur action, à l'élévation du mouton P qui doit, en retombant, produire l'effet voulu.

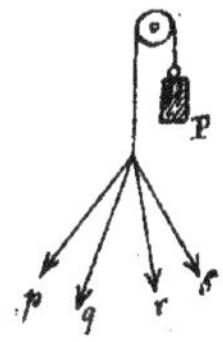

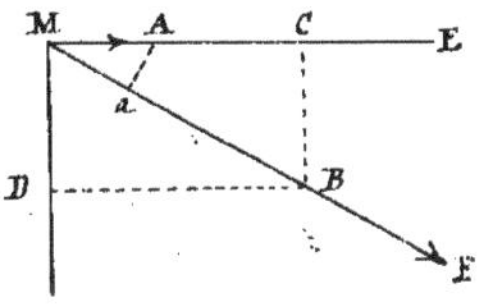

Alors on estime le travail de la force F par le produit de cette force et de l'espace parcouru estimé suivant la direction de cette force, c'est à dire de M a qui est la projection, sur la direction de la force, de l'espace M A réellement parcouru par le point M. En sorte que le travail est :

$$F \times Ma.$$

Cette dénomination se justifie en remarquant que si la force émane d'un point attractif F, le déplacement supposé infiniment petit M A du mobile ne l'en a rapproché que de la quantité M a.

On peut la motiver d'une autre manière, qui va nous fournir une deuxième expression du travail d'une force oblique. Supposons que l'on décompose (N° 85) la force F, représentée en grandeur par la partie M B de la ligne M F, en deux autres forces, l'une M C suivant la direction du mouvement de M, l'autre M D suivant une direction perpendiculaire. Ces deux composantes, qui ne seront autre chose que les projections de M B sur ces deux droites, pourront remplacer (N° 85) la force F quant à son effet sur le point M. Or l'une des deux, M D, peut être considérée comme ne produisant aucun travail ; elle ne contribue en rien à un mouvement qui lui est perpendiculaire et se trouve dans le cas d'un effort qui ne fait rien marcher et qui (N.° 100) ne donne pas de travail. Tout le travail produit sur le point M par la force F peut donc être regardé comme étant seulement celui de sa composante MC en sorte que sa mesure est :

$$MC \times MA.$$

Mais on voit, par la similitude des deux triangles MBC, MAa (ou par la simple remarque que le rapport entre une droite et sa projection sur une autre ne dépend que de leur angle) qu'on a la proportion

$$\frac{Ma}{MA} = \frac{Mc}{MB}, \text{ ou } = \frac{Mc}{F}.$$

Donc le produit MC × MA, par lequel nous venons d'évaluer le travail de la force F, est bien égal au produit F × Ma, par lequel nous l'avons défini tout à l'heure.

Définition générale du travail.

109. Voici donc la double définition la plus générale du travail d'une force constante ou variable, agissant directement, contrairement ou obliquement, soit sur le point même dont on considère le déplacement ou l'espace parcouru, soit même sur un tout autre point (comme il arrive par exemple lorsque le point dont on considère le mouvement est un centre de gravité.).

Définition. On appelle travail élémentaire d'une force pour un espace élémentaire parcouru par un point, le produit de la force par l'espace, estimé (c'est-à-dire projeté) suivant la direction de cette force, ou, ce qui est la même chose, le produit, par l'espace parcouru, de la projection de la force sur la direction de cet espace : les projections sont regardées comme négatives lorsqu'elles ont un sens opposé à la ligne sur laquelle on projette.

On appelle travail de la force pendant un temps fini ou pour un espace parcouru quelconque, la somme des travaux élémentaires, qui ont eu lieu pendant que ce temps s'est écoulé, ou que l'espace a été parcouru.

Il est évident que lorsque la force est constante, ainsi que sa direction et celle du mouvement, on n'a pas besoin de considérer de travaux élémentaires ; on peut faire directement le produit de la force par l'espace total projeté sur elle.

La définition générale que nous venons de donner comprend

celle (N° 107) relative au cas où la force agit dans un sens directement opposé au mouvement : alors, en effet, l'espace projeté sur la force, ou la force projetée sur l'espace, est cette force ou cet espace pris négativement.

On voit en général que :

Le travail est positif ou moteur quand la force et l'espace font un angle aigu, et qu'il est négatif ou résistant quand ils font un angle obtus.

Il est évident que, dans le premier cas qui est celui où, par exemple, mc est l'espace et mF la force, celle-ci contribue au mouvement, et que, dans le second cas, où l'espace et la force sont tels que mc', mF', la force empêche le mouvement.

On voit aussi que le travail élémentaire peut être défini, comme on le fait quelquefois, le produit de la force, de l'espace, et du cosinus de leur angle ; car le cosinus de l'angle de deux droites n'est autre chose que le rapport, à une portion d'une de ces droites, de sa projection sur l'autre. On sait que les cosinus des angles obtus sont négatifs.

Travail de la pesanteur sur un corps qui parcourt une courbe quelconque.

110. D'après cela, le travail de la pesanteur sur un corps, pendant qu'il parcourt une courbe quelconque M A B, s'obtiendra en multipliant son poids P par la somme des projections des espaces élémentaires sur la direction constamment verticale de cette force constante. Cette somme est, quand le corps est arrivé à son point le plus bas A, la hauteur verticale M C du point de départ au dessus de ce point A ; elle est ensuite, jusqu'à sa position finale B, la hauteur verticale B D dont il est remonté, prise négativement. Le travail total est donc :

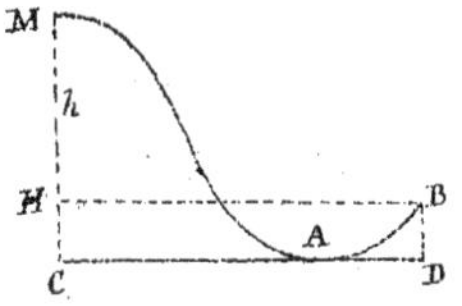

$$P \times (MC - BD)$$

c'est-à-dire $P \times MH$, MH étant la différence des niveaux de M et D, ou, si l'on veut, la hauteur de la position initiale M du corps au dessus de sa position finale B ; et, cela, quelle que soit la courbe parcourue entre ces deux points.

Observation sur le transport horizontal des fardeaux et sur le tirage oblique.

111. Il semble donc qu'il n'y a aucun travail effectué quand on transporte horizontalement un fardeau, ni, même, lorsqu'on monte et descend successivement, en le portant, d'une suite de hauteurs égales. Il est bien vrai que le travail opposé à la pesanteur du fardeau est nul au total, mais il n'en est pas de même du travail produisant une multitude d'efforts étrangers qui ont lieu inévitablement à cette occasion, tels que des compressions et des ébranlements du sol à chaque pas et des effets qui se font temporairement sentir sur l'organisation intérieure elle-même. Il participe d'ailleurs, lorsqu'il est fait à dos d'homme ou d'animal, du travail de cariatide ou d'étai (N° 100) auquel nous avons dit qu'il faut éviter le plus possible d'employer un moteur animé. Aussi l'on y renonce à mesure que les communications s'améliorent : les portefaix de Paris, depuis que son pavage est plus uni, se servent presque constamment de chariots à bras à l'exclusion des hottes ou des crochets ; et, depuis qu'on a de bonnes routes ou autres voies de transport, on ne voit presque plus de chevaux de bât. La traction horizontale est substituée presque partout à cet ancien mode ; elle est employée à vaincre un frottement dont la grandeur est à peu près (voyez plus loin) de $\frac{1}{3}$ de la charge sur un traîneau, de $\frac{1}{30}$ sur voitures, de $\frac{1}{300}$ sur wagons de chemin de fer à faible vitesse, et de $\frac{1}{750}$ sur bateaux portés par un canal à eau stagnante.

Remarquons déjà à cette occasion que lorsqu'un cheval tire obliquement une charrette ou une charrue, de manière que son travail utile n'est que celui de la composante horizontale de son effort (N° 108) il est cheval de bât quant à la composante verticale qui n'effectue aucun travail, si ce n'est, tout au plus, en diminuant légèrement la pression et par suite le frottement sur le sol. Cette obliquité du tirage est, comme l'on voit, à éviter.

Travail d'une résultante de forces.

112. Théorème. Le travail de la résultante de plusieurs forces est, pour le même espace parcouru, égal à la somme des travaux des composantes.

En effet, projetons la résultante R et les composantes F, F', F''.... sur la direction MK de l'espace parcouru e. On sait (N° 8) que la projection d'une résultante de lignes est égale à la somme des projections des lignes composantes. Appelons donc proj. R la projection de R et ainsi des autres, on a

$$\text{proj. } R = \text{proj. } F + \text{proj. } F'' + \ldots$$

Multiplions par l'espace parcouru MA, que nous désignons par e, nous avons :

$$e \times \text{proj. } R = e \times \text{proj. } F + e \times \text{proj. } F'_1 + \&c.$$

Or le travail d'une force est (N.os 108 & 109) le produit, par l'espace parcouru, de la projection de la force sur la direction de cet espace. Donc, en désignant, comme nous ferons désormais par

$$\mathcal{E}.R, \quad \mathcal{E}F \ \&c.$$

le travail d'une force R, d'une force F &c., l'équation précédente revient à

$$\mathcal{E}R = \mathcal{E}F + \mathcal{E}F_1 + \ldots\ldots$$

ce qu'il fallait démontrer.

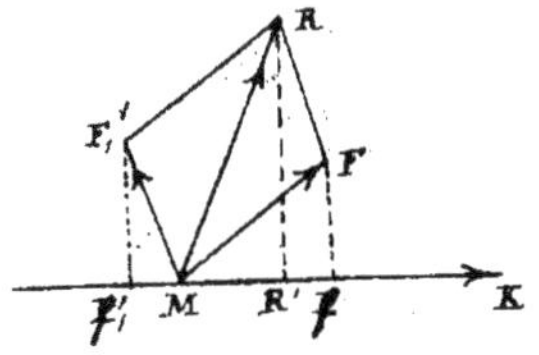

Observons que la somme qui forme le second membre de cette équation est une somme algébrique (N.o 8) et non le résultat d'une addition pure & simple de grandeurs. Les projections des forces F, F'_1 ... sur la direction MK de l'espace e doivent être prises positivement ou négativement selon qu'elles tombent dans le sens MK où il est parcouru, ou en sens opposé. (N.o 8).

On prendra aussi les quantités de travail $\mathcal{E}F$, $\mathcal{E}F_1$.... positivement ou négativement dans les mêmes cas (N.o 109); par exemple, dans le cas de la figure ci-contre, le travail de F sera pris positivement et celui de F'_1 négativement.

Travail, pour un espace résultant.

113. Théorème. Le travail d'une force, pour un espace ou déplacement résultant, est égal à la somme des travaux de la même force pour les déplacements composants.

En effet, soient e le déplacement résultant, e', e''.... les composants. Projetons-les sur la direction de la force nous aurons (N.o 8)

$$\text{Proj. } e = \text{proj. } e' + \text{proj. } e'' + \ldots\ldots$$

Multiplions par la force que nous appelons F, nous avons:

$$F \times \text{proj. } e = F \times \text{proj. } e' + F \times \text{proj. } e'' + \ldots\ldots$$

c'est à dire, d'après la définition (N.os 108, 109) que le travail de F, pour le déplacement ou espace e, est égal à la somme algébrique des travaux de la même force pour les déplacements e', e''....., ce qu'il fallait démontrer.

Relation du travail et de la vitesse dans le mouvement uniformément varié.

114. Lorsque le travail moteur suffit justement pour vaincre un travail résistant la vitesse est entretenue constante.

Elle doit augmenter ou diminuer quand l'un ou l'autre l'emporte.

Voyons quelle relation existe entre la vitesse nouvelle, la vitesse primitive et le travail qui a changé celle-ci en celle-là.

Nous connaissons déjà cette relation dans le mouvement rectiligne uniformément varié. Nous avons trouvé (N° 30) que si le corps parti du repos, a parcouru un espace H, qui sera une hauteur de chute s'il est tombé librement avec l'accélération g due à la pesanteur, on a, pour le carré de sa vitesse acquise V :

$$V^2 = 2gH.$$

Multipliant de part et d'autre par le poids P du corps et divisant par 2g pour avoir le travail PH dans le second membre, nous aurons, en remarquant que $\frac{P}{g}$ n'est autre chose (Numéro 89) que sa masse que nous appellerons M :

$$M\frac{V^2}{2} = PH.$$

On voit aussi que le produit de la masse par le demi carré de la vitesse est égal au travail de la force qui a engendré cette vitesse.

Si le corps, au lieu de partir du repos, possédait une vitesse V_0 au moment où il a commencé de tomber de la hauteur H, nous avons trouvé au N° 31 qu'on aurait :

$$\frac{V^2}{2g} - \frac{V_0^2}{2g} = H.$$

D'où multipliant par P, et remplaçant toujours $\frac{P}{g}$ par la masse M :

$$M\frac{V^2}{2} - M\frac{V_0^2}{2} = PH.$$

On voit que :

Le travail est égal à l'augmentation éprouvée par le produit de la masse et du demi carré de la vitesse.

Puissance vive.

115. Le produit dont nous venons de parler joue un rôle important en mécanique où on l'appelle *puissance vive*.

Ainsi :

Définition. La puissance vive d'un point matériel est le produit de sa masse par la moitié du carré de la vitesse. La puissance vive d'un système est la somme des puissances vives de ses points.

Sans attacher à cette quantité l'idée d'aucun pouvoir (n.os 10, 25, 82) et en ne la regardant jamais que comme un produit numérique, nous justifierons jusqu'à un certain point, au N.° 125, cette dénomination.

On peut l'appeler aussi demi force vive parceque les géomètres du siècle dernier ont nommé force vive le produit de la masse par le carré de la vitesse, ce qui est moins commode, vu que c'est la moitié de ce produit qui entre dans tous les énoncés.

Le théorème auquel on est arrivé au numéro précédent pour un mouvement uniformément varié produit par cette force constante, revient, ainsi, à ce que le travail est égal à l'acquisition de puissance vive. On peut étendre immédiatement ce théorème au mouvement rectiligne varié d'un point sollicité par des forces quelconques, car comme leur résultante varie avec continuité (N.os 11, 79), on peut la regarder comme constante pendant une suite de temps infiniment petits, et la somme des acquisitions successives de puissance vive pendant chaque temps ou son acquisition totale sera toujours égale au travail des forces entre les deux instants extrêmes.

Théorème des puissances vives et du travail dans le mouvement rectiligne.

116. Mais on peut prouver directement ici ce théorème sans invoquer des choses démontrées au chapitre 2.me

Soient F, F'... des forces quelconques sollicitant le point mobile,

- R leur résultante,
- m la masse de ce point,
- V sa vitesse à un instant quelconque,
- v l'augmentation de cette vitesse pendant un temps infiniment petit qui suit cet instant,
- e l'espace parcouru pendant ce petit temps,
- V_0 la vitesse initiale, ou la vitesse à un instant à partir duquel on commence à compter le travail des forces.

Puisque le mouvement est supposé rectiligne, l'accélération est $\frac{v}{t}$ (N.° 26). La résultante des forces est (N.os 83, 85) le produit de la masse par cette accélération. Donc

$$R = m\frac{v}{t}.$$

Le petit espace parcouru c est égal au produit de la vitesse, par le temps employé à le parcourir (n° 11, 18); en sorte que:

$$c = Vt.$$

Multipliant ces deux égalités membre à membre pour avoir le travail dans le premier membre, t, le temps, se trouve éliminé du second, et l'on a, pour ce travail élémentaire de la résultante (N° 109):

$$Rc = mVv.$$

Le travail total, depuis un instant initial, est ainsi la masse m multipliée par la somme d'une suite de petits produits Vv. On obtient cette somme en portant sur une ligne d'abscisses la suite des vitesses $Op_0 = V_0 \ldots Op = V$, $Op' = V + v$, en élevant des ordonnées $p_0m_0 \ldots pm$, $p'm'$ égales à ces mêmes vitesses, c'est à dire aux abscisses. La ligne Omm' ainsi déterminée, est droite. Le produit $Vv = pm \times pp'$ est l'aire du trapèze élémentaire $pmm'p'$ à cela près d'un triangle mnm' qui est relativement infiniment petit et négligeable (N° 13). La somme des produits Vv, depuis l'instant où la vitesse était V_0 jusqu'à celui où elle est V sera donc une somme de trapèzes analogues compris entre les ordonnées V_0 et V: ce sera donc le trapèze fini p_0m_0mp.

Or ce trapèze, qui est la différence des deux triangles Opm, Op_0m_0, a pour aire la différence des aires de ceux ci, c'est à dire

$$\frac{V^2}{2} - \frac{V_0^2}{2}.$$

La somme des travaux élémentaires Rc de la résultante entre l'instant initial et l'instant final est donc $m\frac{V^2}{2} - m\frac{V_0^2}{2}$.

Mais le travail de la résultante est, à chaque instant, somme des travaux des composantes (N° 112). Donc $\mathfrak{T}$ désignant toujours le travail d'une force, on a

$$m\frac{V^2}{2} - m\frac{V_0^2}{2} = \mathfrak{T}F + \mathfrak{T}F' + \ldots\ldots$$

La puissance vive acquise, entre deux instants quelconques, par un point matériel se mouvant en ligne droite, est égale au travail des forces qui ont agi sur lui entre ces deux instants.

Autre démonstration.

117. On pourrait arriver au même résultat, sans construction graphique et d'une manière fort simple en appelant V_1 la grandeur que prend la vitesse lorsqu'un petit temps t s'est écoulé après l'instant initial où elle est V_0, en sorte que, l'augmentation de vitesse pendant ce temps étant $V_1 - V_0$, on a alors $\frac{V_1 - V_0}{t}$ pour l'accélération et, par conséquent, pour la résultante R :

$$R = m \frac{V_1 - V_0}{t}.$$

L'espace parcouru pendant ce même temps t, l'est en vertu d'une vitesse qui peut évidemment être regardée comme moyenne entre celle V_0 qu'il avait au commencement et celle V_1 qu'il possède à la fin ; donc

$$e = \frac{V_1 + V_0}{2} t.$$

Multipliant ces deux équations, on a pour le travail élémentaire pendant le premier temps infiniment petit t

$$R e = m \frac{(V_1 + V_0)(V_1 - V_0)}{2} = m \frac{V_1^2}{2} - m \frac{V_0^2}{2}.$$

Ce travail élémentaire est donc égal à l'acquisition de puissance vive pendant qu'il a eu lieu.

Si, après un second, un troisième temps t, la vitesse devient V_2, V_3 .... le travail élémentaire aura été, pendant ces temps, $m \frac{V_2^2}{2} - m \frac{V_1^2}{2}$, $m \frac{V_3^2}{2} - m \frac{V_2^2}{2}$ et ainsi de suite jusqu'à ce qu'on arrive au dernier instant, où la vitesse est devenue V. On voit, en ajoutant toutes ces différences que les termes en V_1, V_2, V_3 ... disparaissent et qu'il ne reste que $m \frac{V^2}{2} - m \frac{V_0^2}{2}$.
Cela était d'ailleurs évident sans calcul, car la somme de toutes les augmentations ou acquisitions partielles de puissance vive est bien l'augmentation ou acquisition totale ; de même que la somme des travaux élémentaires successifs est le travail total.

Ce travail total est donc égal à l'acquisition totale de puissance vive.

Même théorème pour le mouvement curviligne.

118. Supposons maintenant que le point matériel se meuve suivant une ligne courbe quelconque.

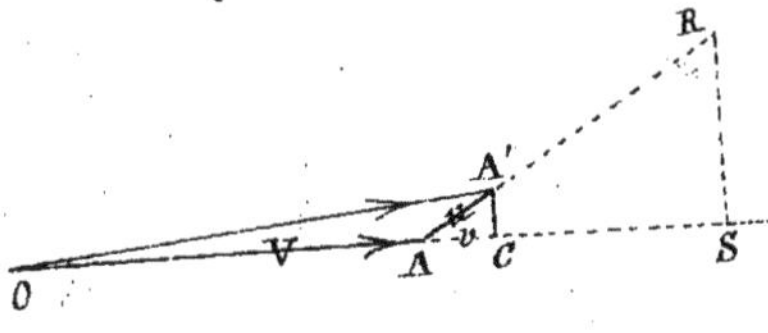

Son accélération est $\frac{u}{t}$, u étant le gain géométrique de vitesse pendant le temps infiniment petit t (N° 35) ou la petite ligne AA' qui, composée avec la vitesse $OA = V$ au commencement de t donne en grandeur et en direction la vitesse OA' possédée à la fin.

La résultante R des forces est une ligne finie AR ayant pour grandeur le produit $m\frac{u}{t}$ ~~du produit~~ de la masse par cette accélération, et, pour direction, celle de la petite ligne u. Projetée sur la direction de V qui est celle de l'espace élémentaire parcouru, cette résultante deviendra $m\frac{v}{t}$, v étant la projection AC de AA' sur la même direction prolongée de OA ou de V ; car si S est la projection du point R, les triangles semblables AA'C, ARS montrent qu'il existe bien le même rapport entre AR et AS qu'entre u et v.

Ainsi :

Projon de R sur l'espace élémre parcouru $= m\frac{v}{t}$.

D'où, en multipliant, comme au N.° 116, par cet espace $e = \mathrm{V}t$, et en se rappelant que le produit de l'espace par la projection de la force n'est autre chose que son travail (N.° 109), on a :

Travail élémentaire de $\mathrm{R} = m\mathrm{V}v$.

Mais la perpendiculaire infiniment petite CA' peut être regardée comme un arc de cercle décrit du point O comme centre avec le rayon OC, en sorte que OC est égal à OA', ou n'en diffère que d'une quantité infiniment plus petite que A'C ou que $\mathrm{AA'} = u$, et rigoureusement négligeable (1).

Donc $\underline{v}$ est l'augmentation de grandeur de la vitesse V pendant le petit temps t où le travail élémentaire s'est opéré.

$\mathrm{V}v$ est donc l'un de ces produits de la vitesse par son augmentation élémentaire, dont on a démontré, au N.° 116, que la somme était $\frac{\mathrm{V}^2}{2} - \frac{\mathrm{V}_0^2}{2}$ entre l'instant où la vitesse est V_0 et l'instant final où elle est V, en sorte que le travail total de la résultante est toujours égal à l'acquisition $m\frac{\mathrm{V}^2}{2} - m\frac{\mathrm{V}_0^2}{2}$, de puissance vive.

On y arrive également en appelant, comme au N.° 117, V_1 la vitesse au bout d'un temps t écoulé après l'instant où elle est V_0, ce qui donne :

Projon de R sur l'espace élémre $= m\frac{\mathrm{V}_1 - \mathrm{V}_0}{t}$

D'où, en multipliant, comme au même N.° 117 par $e = \frac{\mathrm{V}_1 + \mathrm{V}_0}{2}t$:

Travail élémre de R pendant que la vitesse de V_0 devient V_1 $\left\{ = m\frac{\mathrm{V}_1^2}{2} - m\frac{\mathrm{V}_0^2}{2} = \right\}$ l'acquisition de puissance vive dans le même temps.

---

(1) C'est, au reste, ce dont on a donné une démonstration exacte au N.° 13. Il est bon de se rappeler souvent qu'il n'y a aucune différence entre une droite OA' et sa projection AC sur une autre droite, faisant avec elle un angle infiniment petit.

Et par conséquent, le travail total de la résultante, qui est somme de ceux des composantes, égale l'acquisition totale de puissance vive.

On a donc, dans le mouvement curviligne comme dans le mouvement rectiligne d'un point matériel m sollicité par des forces F, F'.... quelconques, et qui passe en un temps quelconque d'une vitesse V_0 à une vitesse V :

$$m\frac{V^2}{2} - m\frac{V_0^2}{2} = \mathcal{E}F + \mathcal{E}F' + \ldots\ldots$$

Et ce théorème général :

L'accroissement de la puissance vive d'un point matériel soumis à des forces quelconques est égal à la somme algébrique des travaux de toutes ces forces entre les mêmes instants extrêmes.

Travail de l'inertie.

119. On appelle quelquefois travail de l'inertie la puissance vive acquise, prise en signe contraire. Voici quel en est le motif :

Si les forces agissant sur le système se font équilibre, c'est-à-dire si leur résultante est nulle, la vitesse du point matériel ne change pas, le premier membre est nul ainsi que la somme $\mathcal{E}F + \mathcal{E}F' + \ldots$ des travaux.

Si les forces ne se font point équilibre le point prend une accélération, et sa vitesse change. Or, nous avons dit (N.° 97) que l'on appelait quelquefois l'inertie d'un mobile, envisagée comme force, la résultante de ses réactions contre les points d'où émanent les forces qui le sollicitent, ou une force égale et opposée à la résultante de celles-ci, ou encore (car c'est la même chose) le produit $-m\frac{u}{t}$ de sa masse par son accélération actuelle prise en signe contraire. Il y a équilibre entre cette force d'inertie $-m\frac{u}{t}$ et les forces F, F', F''.... qui donnent l'accélération, et en introduisant cette force nouvelle on peut traiter un problème de mouvement comme un problème d'équilibre, ce qui peut être simple, avons nous dit, quand ce que l'on cherche est une force et non un mouvement.

Pour avoir le travail de cette force $-m\frac{u}{t}$ il faut (N.os 109, 118) la projeter sur la direction de l'espace parcouru ce qui donne $-m\frac{v}{t}$ comme nous venons de voir, puis il faut la multiplier par cet espace Vt ce qui donne $-mVv$. C'est, au signe près, l'un de ces produits élémentaires mVv dont la somme donne, comme nous avons vu, la puissance vive acquise par le point m.

Le travail de l'inertie, ainsi envisagé, est donc bien la puissance vive acquise, prise avec un signe contraire. En l'ajoutant aux travaux des autres forces on a une somme nulle, ou une équation d'équilibre comme celle $\mathcal{E} F + \mathcal{E} F' \ldots\ldots = 0$, et l'on peut raisonner comme sur un cas d'équilibre.

C'est une manière de rendre l'équation du travail et des puissances vives aussi homogène nominalement qu'elle l'est déjà en réalité, en n'y conservant que des travaux.

Théorème des puissances vives et du travail pour un système quelconque.

120. Soit maintenant un système d'un nombre quelconque de points matériels, c'est à dire un corps ou un ensemble de corps solides ou fluides. Soient $m, m', m'' \ldots\ldots$ les masses de ces points matériels, $V_0, V_0', V_0'' \ldots\ldots$ leurs vitesses respectives à un instant quelconque ; V, V', V'' ses vitesses à un second instant ; $F, F', F'' \ldots$ les forces qui les sollicitent ; $\mathcal{E}$ la caractéristique de leur travail entre ces deux instants ; S l'indice de la somme de toutes les quantités de même espèce dont les désignations ne diffèrent que par l'accentuation des lettres.

Posons, pour chacun des points du système, une équation comme celle que nous venons d'écrire à la fin du numéro précédent pour le point m, et additionnons toutes ces équations membre à membre, et terme à terme, nous aurons :

$$S\, m \frac{V^2}{2} - S\, m \frac{V_0^2}{2} = S\, \mathcal{E} F\,.$$

Donc :

Théorème général. La puissance vive acquise, ou l'accroissement de la puissance vive d'un système matériel entre deux situations quelconques est égale au travail des forces qui ont agi sur lui entre les mêmes situations.

Observons que la puissance vive possédée par un système à une situation ou à un instant quelconque est toujours positive, car elle se compose de termes tous positifs ; mais son acquisition, son accroissement peut très bien avoir le signe négatif, comme le travail. C'est ce qui arriverait si les vitesses étaient moindres à l'instant final qu'à l'instant initial, ou si tous les travaux avaient été résistants.

121.

Travaux et puissances vives dûes aux mouvemens des centres de gravité.

121. Observons que les théorèmes ci-dessus sont aussi vrais lorsque les mouvemens que l'on y considère, savoir les vitesses dont dépendent les puissances vives, et les espaces parcourus d'où dépendent les travaux, sont des mouvemens de centres de gravité de corps ou de groupes de corps, que lorsque ce sont des mouvemens de points matériels composant les systèmes.

En effet, la relation $R = mj = m\frac{u}{t}$ entre une masse m, une accélération $j = \frac{u}{t}$ et une résultante R de forces, sur laquelle nous nous sommes fondés pour démontrer ces théorèmes n'est pas relative seulement au cas d'un point matériel ; elle s'applique, d'après la définition même des forces, à tout groupe de points (N.° 81, 83) dont m est la masse et j l'accélération moyenne, c'est-à-dire (N.° 50) à l'accélération du centre de gravité.

On peut donc appliquer les équations ci-dessus aux vitesses V_1, V_0, de centres de gravité de corps ou de groupes quelconques faisant partie des systèmes ou composant à eux seuls un système, en mettant pour m, les masses de ces corps ou de ces groupes, et en prenant pour ΣF les travaux des forces, ou, à volonté, des résultantes des forces pour les espaces élémentaires parcourus par les mêmes centres.

C'est, aussi, de cette manière qu'on les applique le plus souvent, non seulement dans la mécanique des solides, mais même dans la mécanique des fluides, où l'on ne considère jamais les mouvemens individuels et très compliqués des dernières particules, mais les mouvemens moyens plus simples de petits groupes perceptibles appelés élémens de la masse fluide en mouvement.

Au reste, le travail de la pesanteur sur les points d'un corps ou groupe quelconque, pour les mouvemens de ses points quels qu'ils soient, est toujours égal au travail de son poids total pour le mouvement de son centre de gravité, ou au produit de ce poids par la hauteur dont est descendu le centre. En effet, il résulte de ce qu'on a démontré aux numéros 49 & 59 comme conséquence immédiate de la définition du centre de gravité, et de la définition des masses comme des quantités proportionnelles aux nombres des points, que tout déplacement de ce centre, multiplié par la masse totale, est une droite résultante des déplacemens des centres des masses partielles, multipliés respectivement par ces masses ; d'où il suit, comme les masses sont proportionnelles aux poids, que le produit du poids total par la projection verticale du déplacement du centre de gravité est bien égal à la somme des produits des poids partiels par les projections des déplacemens de leurs centres, c'est-à-dire à la somme de leurs travaux.

Travail dû aux actions intérieures ou réciproques.

122. Malgré cette substitution possible de mouvemens de centres de gravité aux mouvemens des points matériels eux-mêmes, l'équation générale $S\,m\frac{V^2}{2} - S\,m\frac{V_0^2}{2} = S.\mathcal{E}.F$ servant d'expression au théorème général du No. 120 contiendrait ordinairement dans ses deux membres, un trop grand nombre de termes pour pouvoir être utilement appliquée.

Mais on peut apporter à cette équation de grandes simplifications, en supprimant un grand nombre de ses termes et en réunissant d'autres de manière à en remplacer deux ou plusieurs par un seul.

Ainsi les forces intérieures, ou les actions que les points du système exercent les uns sur les autres suivant leurs lignes de jonction peuvent être constamment réunies deux à deux.

Si un point m exerce une action f sur le point m', celui-ci exerce sur m une action égale et opposée. Supposons que m parcoure un espace infiniment petit mn, et, dans le même temps, m' un espace infiniment petit m'n'. Si mp, m'p' sont les projections de ces espaces sur la direction mm' des forces f, la somme des travaux de ces deux forces, dûs à ces espaces parcourus, sera (définition No. 109) :

$$f\,(mp + m'p')$$

Mais comme la ligne de jonction nn' des deux points dans leur nouvelle position fait un angle infiniment petit avec leur ligne de jonction primitive mm', on peut la regarder, d'après ce que nous avons vu aux Nos 13 et 119, comme rigoureusement égale à la projection pp' sur la direction mm'; ce qui revient à considérer comme un arc de cercle décrit du point n comme centre la petite ligne n'q, distance de n' à l'extrémité q de nq égale et parallelle à pp'. (1) Donc, comme la somme mp + m'p' est l'excès de pp' sur mm', on a, pour le travail des deux forces f :

$$f\,(nn' - mm').$$

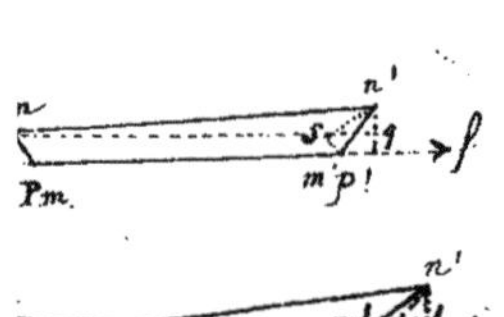

(1) Si l'on conserve quelques craintes que l'infiniment petit que l'on néglige en prenant nn' égal à pp' = nq ne soit du même ordre de grandeur que les petits espaces parcourus, on n'a qu'à mener m's égal et parallelle à mn et qu'à joindre n's comme on a fait aux figures ci contre relatives à deux cas. On a demontré (No. 11) que la différence entre l'hypothénuse nn' et le coté nq de l'angle droit du triangle rectangle nn'q était infiniment plus petit que n'q. Il est donc infiniment plus petit que l'oblique n's, plus longue que la perpendiculaire n'q, et par conséquent, que m's + m'n' = mn + m'n' ou que la somme des petits espaces qui ont été parcourus par les points m et m'.

ou, si l'on appelle l l'allongement de la distance mm' des deux points.

$$f.\,l.$$

Donc : le travail des deux actions égales et opposées qu'exercen[t] l'un sur l'autre deux points matériels pour un déplacement élémentaire quelconque de ces deux points, est égal au produit d'une de ces deux [f]orces p[ar] le petit changement de longueur de leur distance mutuelle.

Ce travail est positif si les deux points ont pris relativemen[t] l'un à l'autre, un mouvement dans le sens que la force tend à leur impri[mer] c'est à dire s'ils se sont éloignés la force étant répulsive, et rapprochés, l[a] force étant attractive : le travail est négatif dans le cas contraire.

Cas où les distances mutuelles de quelques points ne changent pas sensiblement.

123. Il en résulte que si la distance des deux points m, m' du système n'a pas changé, le travail élémentaire de leur action mutue[lle] est nul.

Si donc des points appartiennent à un même corps solide rigide, ou dont toutes les parties conservent des dimensions sensiblement cons[tantes] et si les forces qui les sollicitent ne sont pas dans des cas exceptionnels où elles deviennent excessivement grandes, les travaux de leurs actions réci[proques] sont négligeables.

Cette simple remarque permet de faire dans le second mem[bre] de l'équation des puissances vives et du travail, des suppressions considéra[bles].

Par exemple si le système se réduit à un seul corps sol[ide] rigide l'équation des puissances vives et du travail peut être posée approxi[-]mativement pour les seules forces extérieures, en ne tenant point compte de[s] actions intérieures.

Cas où quelques distances mutuelles reviennent les mêmes après avoir changé.

124. Si la distance mutuelle de deux points m, m' du systè[me] redevient la même après avoir changé le travail total de leur action récipro[que] est nul. En effet cette action dépend, à chaque instant, de la distance (N°) si, ce que nous supposons, l'état physique des deux points est resté le mê[me]. Si donc on construit une courbe nn' dont les abscisses op ... soient les grandeurs de la distance et dont les ordonnées pn ... soient les intensités de la force, en sorte que l'aire $pnn'p'$ soit le travail produit entre l'instant où la distance était op et celui où la distance était op' on aura une

n n'

o p p'

travail égal $p\pi\pi'p'$, mais de signe contraire, lorsque la distance de op' sera redevenue op, et le travail total sera nul.

C'est ce qui arrive pour les points des ressorts ou autres corps élastiques faisant partie du système, et qui, après avoir été comprimés ou dilatés, sont revenus à leurs premières formes et dimensions.

C'est ce qui a lieu aussi après un choc de corps parfaitement élastiques : le travail des actions de leurs points les uns sur les autres a été nul, et nous pouvons dire déjà ici, que si aucune autre force n'a été en jeu, leur puissance vive est la même après leur choc qu'avant.

Quelques conséquences du théorème des puissances vives et du travail.

125. Si les vitesses initiales du système V_0 (N° 120) sont nulles, ou si le système part du repos, la puissance vive $S\frac{mV^2}{2}$ qu'il possède finalement, est égale au travail $\mathcal{E}F$ qu'il a reçu.

Si ce sont au contraire les vitesses finales V qui sont nulles, ou si le système, doué primitivement d'un mouvement arrive au repos, l'équation du n° 120 qui se réduit alors à $-S\frac{mV_0^2}{2} = S\mathcal{E}F$, montre que la puissance vive initiale, perdue par le système, est numériquement égale au travail négatif $S\mathcal{E}F$ qui l'a éteinte. (1)

En même temps les points matériels dont se compose le système ainsi réduit au repos ont exercé contre ceux (extérieurs ou intérieurs) dont émanaient les forces ou actions F, des réactions égales et opposées, qui ont produit sur ceux-ci un certain travail. Ce travail est justement égal à $-S\mathcal{E}F$ et par conséquent à la puissance vive perdue $S\frac{mV_0^2}{2}$ si les distances des premiers points aux seconds n'ont pas changé, puisque le travail total de l'action et de la réaction est nul comme on vient de le voir (N° 123),

---

(1.) C'est cette dernière propriété qui a engagé M. Bélanger à donner (Cours de mécanique, 1847, page 91) au produit $\frac{mV^2}{2}$ le nom de puissance vive équivalente dit-il, de celle de la capacité que possède un corps en mouvement de subir un certain travail résistant jusqu'à ce qu'il soit réduit au repos. Une raison semblable avait engagé les Géomètres du commencement du siècle dernier à donner au produit mV^2, double du précédent, le nom de force vive qui peut prêter à quelque confusion avec les forces proprement dites et dont l'emploi, bien que consacré, est d'ailleurs devenu incommode depuis que l'on fait un grand usage de la considération de la quantité de travail constamment égale à la variation de la puissance vive, tandis qu'elle n'est que la moitié de la variation de la force vive.

le système a restitué alors, en perdant son mouvement, tout le travail qu'il a dû recevoir précédemment pour l'acquérir.

Il n'en est pas de même si les distances des points du système aux points d'où émanent les forces F ont changé : le système, en perdant sa force vive, n'a pas restitué tout le travail qui la lui avait imprimée ; mais il a, par le changement des distances de points qui agissent les uns sur les autres, rendu disponible un complément de travail qui sera récupéré du moment où ces distances redeviendront ce qu'elles étaient (N.° précédent). En sorte qu'on peut dire toujours qu'un corps ou un système en mouvement est, comme un ressort tendu, (N.° 106) ; du travail en réserve, en quantité égale à la puissance vive qu'il possède.

Il se fait continuellement, dans la nature, un échange de puissance vive et de travail, de telle sorte que la quantité de travail disponible reste la même. Rien ne se perd ; mais, aussi, rien n'est créé par nos inventions, et nous ne saurions produire à perpétuité un mouvement ou travail effectué sans faire une consommation, aussi perpétuelle, de travail moteur. (Voyez N.° 149)

Cas des mouvemens qui commencent et finissent par le repos.

126. Si le système, partant du repos, arrive finalement au repos, l'équation du N.° 120 se réduit à

$$S \,\mathcal{E}\, F = 0.$$

Le travail total est nul, en sorte que le travail positif ou moteur a dû être égal, entre ces deux positions, au travail négatif ou résistant. Il y a eu simplement, comme on dit, transmission du travail par l'intermédiaire des mobiles composant le système.

Par exemple, si un prisme vertical en métal, d'un poids P, est lâché à une hauteur H au dessus d'un terrain non ∠ horizontal A C, dans lequel il enfonce, en tombant, d'une hauteur h, son travail aura été P (H + h) ; si B est la superficie de la base du prisme et BR la résistance moyenne du terrain pendant l'enfoncement, en sorte que R soit la résistance du terrain par unité superficielle, l'égalité du travail moteur au travail résistant donnera

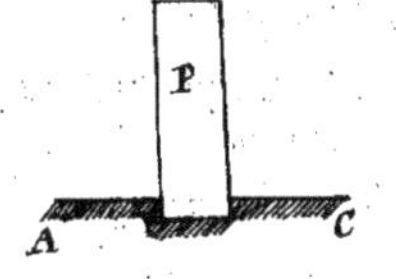

$$P(H+h) = BRh, \text{ d'où la résistance } BR = P\left(1+\frac{H}{h}\right)$$

en sorte que si par exemple (1) le poids P = 300 Kil., la hauteur H = 1mèt. 30c, l'enfoncement h = 0m, 02c, on aura pour la résistance du terrain BR = 300 × (1 + 65) = 19800K sur une superficie égale à la base B, et, si cette base est d'un décimètre carré, ou si B = 0m, 01 on a R = 1,980,000 Kilogrammes pour sa résistance par mètre carré.

Si, au lieu d'un prisme à base plate qui comprime le sol, on laisse tomber une lame qui le fend en écartant ses parties, comme la bêche dynamométrique de M. de Gasparin (2), dont le poids est de 2K 75 et la largeur 0m, 15c, on aura, pour la résistance moyenne du terrain à cette sorte de séparation, par mètre de longueur, H étant toujours la hauteur de chute jusqu'au sol, et h la profondeur de l'enfoncement

$$2^{K},75 \cdot \frac{1+\frac{H}{h}}{0,15} = 18^{K}33 \left(1+\frac{H}{h}\right)$$

en sorte que si H = un mètre comme dans les expériences de M. de Gasparin, on a pour la résistance du sol à se laisser diviser par un instrument tranchant, sur un mètre de longueur

Pour des enfoncements de 1 ; de 2 ; de 3 ; de 4 ; de 5 ; de 6 centimètres
Respectivement 1851K ; 935K ; 629K ; 477K ; 385K ; 324 Kilogrammes

Il se passe quelque chose d'analogue lors de l'enfoncement des pieux à la masse ou au mouton, ou des clous au marteau.

Car où la vitesse est constante, ou redevient périodiquement la même.

127. On a encore ΣF = 0 (N° 120), ou le travail moteur égal au travail résistant lorsque $V = V_0$ c'est-à-dire lorsque les vitesses restent constantes, ou, seulement, lorsqu'elles redeviennent les mêmes qu'elles étaient initialement.

C'est ce qui a lieu généralement dans une machine à mouvement de rotation ou à mouvement alternatif. Les vitesses des points reprennent les mêmes valeurs après chaque tour ou chaque pulsation ; en sorte que la variation $S\, m\frac{V^2}{2} - S\, m\frac{V_0^2}{2}$ de puissance vive devient périodiquement nulle, et reste comprise entre des limites très resserrées, tandis que les quantités de travail fournies par chaque force depuis la mise en train sont de plus en plus considérables. On peut donc, au bout d'un

(1) Introduction à la mécanique industrielle de M. Poncelet, N° 166, page 164.

(2) Cours d'agriculture 2e édition Tome 1, p. 147 et Tome 2, p. 108.

certain temps, négliger la variation de puissance vive et regarder la transmission de travail comme complète, c'est à dire le travail des forces motrices comme sensiblement et constamment égal au travail des résistances.

Suite des simplifications. Cas d'un mouvement de translation.

128. Mais poursuivons l'énumération des simplifications qui peuvent être apportées (N° 122) aux deux membres de l'équation générale de l'effet du travail du N° 120, en réunissant ensemble un certain nombre de termes.

Lorsque les points ou une partie des points du système ont un mouvement commun de translation (N°s 63, 64), comme la vitesse est la même pour tous, la partie de $S\,m\frac{V^2}{2}$ qui leur est relative est remplaçable par un terme unique $M\frac{V^2}{2}$, V étant cette vitesse et M la somme des masses ; c'est-à-dire que leur puissance vive est le produit de la masse totale de ces points par le demi carré de leur vitesse commune.

En même temps, comme les chemins élémentaires e parcourus par ces points sont tous égaux et parallèles, les travaux des forces qui agissent sur eux se réduisent à un seul terme, égal au chemin e de l'un des points multiplié par la somme des projections des forces sur sa direction ou, ce qui revient au même, à un seul terme égal au travail de la résultante géométrique des forces pour cet espace parcouru e.

Cas d'un mouvement de rotation autour d'un axe. Expression du travail des forces par les moments.

129. Lorsqu'un corps solide a un mouvement de rotation (N° 65) autour d'un axe fixe, on peut encore réunir en un seul terme, tous les travaux exercés sur lui, et aussi en un seul terme toutes les puissances vives de ses points.

Soient en effet, m un point d'un pareil corps, O l'axe fixe de rotation que l'on suppose perpendiculaire au plan du tableau, $Om = r$ le rayon de rotation du point m, ou sa distance à cet axe, et mm_1 son déplacement élémentaire, qui est nécessairement perpendiculaire au rayon Om, et situé dans un plan perpendiculaire à l'axe O (N° 65).

Soit, de plus, a le déplacement angulaire correspondant (N° 66) ou le petit arc nn_1, décrit à une distance $On = 1$ de l'axe, en sorte que l'on a pour le déplacement de m (N° 66)

$$mm_1 = a.r$$

Si cette force P agit sur le point m dans la direction et le sens même de l'espace parcouru $m m_1$, son travail élémentaire est $P \times m m_1$, ou :

$$a . P r$$

c'est à dire le déplacement angulaire élémentaire multiplié par le produit de la force et de sa distance à l'axe de rotation, ce produit étant (pour avoir le même signe que le travail) pris positivement ou négativement selon que le sens de la force est le même que celui du déplacement ou qu'il y est opposé.

Or il est facile de voir qu'il en est absolument de même lorsque la force P agit obliquement au déplacement $m m_1$, mais toujours dans un plan perpendiculaire à l'axe de rotation. En effet, alors le travail est P multiplié par la projection de $m m_1 = a r$ sur sa direction $m P$, ou, ce qui revient au même, P multiplié par le déplacement angulaire a et par la projection, sur $m P$, d'une longueur $m A = r$ portée sur $m m_1$ prolongé. Or cette projection $m B$ de $m A = r$ est égale à la perpendiculaire $O p$ abaissée de O sur la direction de la force, car les deux triangles rectangles $A m B$, $m O p$ sont égaux comme ayant un côté et un angle aigu égal. Le travail est donc, en représentant par p la perpendiculaire $O p$:

$$a . P . p$$

c'est à dire toujours *le déplacement angulaire multiplié par le produit de la force et de sa distance à l'axe.*

Actuellement supposons que la force agissant sur le point m, et que nous appellerons F, ne soit point **dirigée** dans le plan du tableau, c'est à dire dans le plan mené du point m perpendiculairement à l'axe O. Projetons la force F sur ce *plan de rotation* du point M; soit P cette projection et $m P$ sa direction; projetons la aussi sur une parallèle à l'axe, menée par le point m. Le travail de la force F sera la somme des travaux de ces deux projections, dont elle est la résultante (N.° 112); or le travail de la seconde projection, faite sur une parallèle à l'axe de rotation, est nul puisqu'elle est perpendiculaire à la direction de l'espace parcouru $m m_1$ (N.os 108, 109). Donc le travail de la force F n'est autre chose que le travail de sa première projection P, ou :

$$a . P p .$$

Les produits $P r$, $P p$ sont les *moments* de la force P ou de la force F autour de l'axe de rotation O : nous avons déjà considéré (N.os 68 à 73) ces sortes de produits appliqués à des lignes quelconques. Reproduisons en la définition appliquée aux forces.

Définition. Le moment d'une force autour d'un axe fixe est le produit de la projection de cette force sur un plan perpendiculaire à l'axe, par la distance de cette projection à l'axe.

Nous aurons, en nous servant de cette définition, le théorème suivant, que nous pourrons appliquer de suite à un nombre quelconque de forces agissant sur le même corps solide, et qui comprend comme cas particulier les divers résultats auxquels nous venons d'arriver.

Théorème. La somme des travaux élémentaires de diverses forces agissant sur divers points d'un système solide pendant son mouvement de rotation autour d'un axe fixe, est égale au déplacement angulaire infiniment petit du système, multiplié par la somme algébrique des moments des forces autour de cet axe ; ces moments étant pris positivement pour les forces qui tendent à faire tourner le système dans le sens réel de sa rotation, et négativement pour les forces qui tendent à le faire tourner en sens contraire.

Au moyen de ce théorème on réduira, comme l'on voit, à un seul terme la somme des travaux des forces agissant sur le solide qui tourne ou ne peut que tourner autour de l'axe.

Et il ne sera nullement nécessaire dans la composition de la somme des moments de tenir compte de ceux des forces intérieures, ou des actions mutuelles des points du système : car ces moments, égaux deux à deux et de signe contraire, se détruisent.

Observons que le moment d'une force quelconque est nul lorsqu'elle est dans un même plan avec l'axe de rotation, c'est-à-dire lorsqu'elle le rencontre ou lorsqu'elle lui est parallèle. En effet, dans le premier cas, sa distance p à l'axe de rotation est zéro ; dans le second cas c'est sa projection P sur le plan de rotation qui est nulle ; par conséquent le produit Pp, ou le moment, est zéro.

Suite du cas de la rotation

Moment d'inertie.

130. Lorsqu'un corps tourne autour d'un axe fixe on peut, aussi, réunir en un seul terme les puissances vives de tous ses points. En effet, soient m, m' .... leurs masses, r, r' ..... leurs distances à l'axe, et U la vitesse angulaire du système, on (N.° 66) la vitesse à l'unité de distance de cet axe, on a, V, V'... étant les vitesses respectives des mêmes points (N° 66) :

$$V = Ur, \quad V' = Ur', \ldots$$

Donc on a pour tout le corps ou système dont on s'occupe :

$m\frac{V^2}{2} + m'\frac{V'^2}{2} + \ldots = \frac{U^2}{2}(mr^2 + m'r'^2 + \ldots)$, en sorte que la puissance vive de ce corps ou système animé d'un mouvement de rotation est, en désignant toujours par S (N° 120) la somme de toutes les quantités de même espèce et de même notation ne différant que par l'accentuation :

$$\frac{U^2}{2} S m r^2$$

Définition. On appelle moment d'inertie d'un système autour d'un axe, la somme $S m' r^2$ des produits des masses m de ses points par les carrés de leurs distances r à cet axe.

En conséquence, on a ce théorème :

Théorème. La puissance vive d'un corps animé d'un mouvement de rotation autour d'un axe fixe est égale à son moment d'inertie multiplié par le demi-carré de sa vitesse angulaire autour de cet axe.

Il permet, comme nous avons dit, de réduire à un seul, les termes provenant des puissances vives des divers points du corps.

D'inertie d'une droite autour d'une de ses extrémités et d'un cercle autour de son centre.

131. Le calcul des moments d'inertie des corps homogènes, c'est-à-dire composés de points de même masse extrêmement rapprochés et également disséminés dans leurs diverses parties, de sorte que leur nombre soit proportionnel à l'étendue de ces parties, est une affaire de pure géométrie, comme la recherche des centres de gravité (N° 54). Donnons ici deux résultats qui vont nous conduire facilement à plusieurs autres.

Le moment d'inertie d'une droite ayant une longueur A et une masse M par unité de longueur autour d'un axe qui lui est perpendiculaire, passant par une de ses extrémités est $M\frac{A^3}{3}$, ou le produit de sa masse MA par le tiers du carré de sa longueur. (1)

(1) En effet, soit OA cette droite. Prenons-en deux portions

Le moment d'inertie de la surface d'un cercle d'un rayon A et d'une masse M par unité superficielle, autour d'un axe passant par son centre et perpendiculaire à son plan, est $M\frac{\pi A^4}{2}$, ou le produit de la masse $M.\pi A^2$ du cercle par la moitié du carré du rayon. (1)

$OA_0 = A_0$, $OA_1 = A_0 + a$ qui ne diffèrent que d'une quantité infiniment petite a, la masse de la petite ligne $A_0A_1 = a$ est $M.a$ puisque celle de la ligne entière est $M.A$; le moment d'inertie de cette même petite ligne autour du centre de rotation O est donc $M.a.A_0^2$. Or, d'après le théorème $(1+i)^n - 1 = ni$, démontré au N°. 15 on a, puisque $\frac{a}{A_0}$ est, comme i, une quantité infiniment petite par rapport à l'unité :

$$\left(1+\frac{a}{A_0}\right)^3 - 1 = 3\frac{a}{A_0}$$

ou, en multipliant de part et d'autre par $M\frac{A_0^3}{3}$:

$$M\frac{(A_0+a)^3}{3} - M\frac{A_0^3}{3} = M\,a.A_0^2$$

On a donc : Moment d'inertie de la petite ligne $A_0A_1 = M(\frac{OA_1}{3})^3 - M(\frac{OA_0}{3})^3$.

De même le moment d'inertie d'une petite ligne A_1A_2 serait $M(\frac{OA_2}{3})^3 - M(\frac{OA_1}{3})^3$;

en sorte que le moment d'inertie de ces deux petites lignes ensemble est $M(\frac{OA_2}{3})^3 - M(\frac{OA_0}{3})^3$.

En continuant ainsi d'ajouter les moments d'inertie d'une suite de petites lignes élémentaires on arrivera au point A et l'on trouvera que :

Moment d'inertie de A_0A = (Mom. de OA) − (Mom. de OA_0) $= M(\frac{OA}{3})^3 - M(\frac{OA_0}{3})^3$

D'où, en supposant $OA_0 = 0$:

Moment d'inertie de $OA = M(\frac{OA}{3})^3$,

Ce qu'il fallait démontrer.

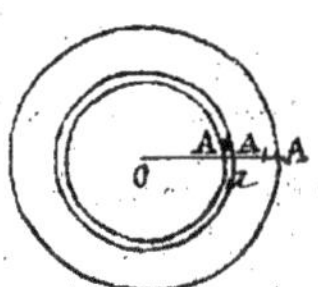

(1.) En effet, soit OA le rayon du cercle. Si $OA_0 = A_0$, $OA_1 = A_0 + a$ sont deux portions de ce rayon qui ne diffèrent que par la ligne infiniment petite $A_0A_1 = a$, l'aire de l'anneau infiniment étroit compris entre les deux circonférences décrites de O comme centre avec ces rayons OA_0, OA_1 est égale à sa petite largeur a multipliée par la circonférence $2\pi A_0$ du premier cercle, la masse de cet anneau est donc $M.2\pi A_0 a$, et son moment d'inertie est $M.2\pi A_0^3 a$. Mais en vertu du théorème $(1+i)^n - 1 = ni$ du N°. 15, on a :

$$\left(1+\frac{a}{A_0}\right)^4 - 1 = 4\frac{a}{A_0}$$

ou, en multipliant de part et d'autre par : $M.2\pi\frac{A_0^4}{4}$:

$$M\pi\frac{(A_0+a)^4}{2} - M\pi\frac{A_0^4}{2} = M.2\pi A_0^3 a$$

Donc la différence entre les moments d'inertie des cercles de rayons MA_1 et MA_0 est $M\frac{\pi(OA_1)^4}{4} - M\frac{\pi(OA_0)^4}{4}$, d'où l'on conclura comme tout à l'heure que l'excès du moment d'inertie du cercle de rayon OA sur le moment d'inertie du cercle de rayon OA_0 est l'excès de $M\frac{\pi(OA)^4}{2}$

Théorèmes sur les moments d'inertie.

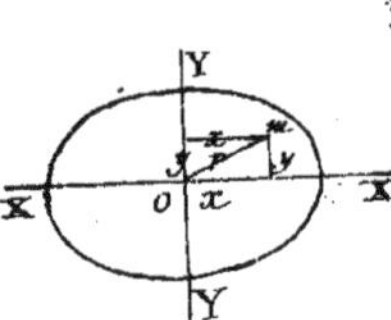

132. Théorème 1er. Le moment d'inertie d'une figure plane autour d'un axe perpendiculaire à son plan, est égal à la somme de ses moments autour de deux axes rectangulaires quelconques situés dans ce plan et se coupant au point où il est rencontré par le premier axe.

En effet, si x et y sont les distances d'un point m quelconque de la figure à ces deux axes rectangulaires YoY, XoX, et si r est sa distance à leur intersection O on a

$$r^2 = x^2 + y^2.$$

Multipliant par la masse m de ce point ou élément de la figure, et ajoutant ensemble les équations semblables que l'on peut pour tous les autres points ou éléments, on a celle

$$S.mr^2 = S.mx^2 + S.my^2,$$

qui exprime précisément ce qu'il fallait démontrer.

Théorème 2. Connaissant le moment d'inertie d'un système quelconque autour d'un axe passant par son centre de gravité, on peut en déduire le moment d'inertie autour de tout axe parallèle en ajoutant le produit de la masse du système par le carré de la distance des deux axes.

En effet, soient O et O_1 les projections de ces deux axes sur le plan du tableau, qu'on suppose leur être perpendiculaires, m la projection d'un point quelconque du système sur le même plan, r et r_1 les distances mO et mO_1 du point aux deux axes, et d la distance OO_1 de ces axes. Si, de m, on abaisse une perpendiculaire mp sur O_1O prolongé au besoin, le triangle rectangle mpO_1 donne :

$$r_1^2 = (d+Op)^2 + \overline{mp}^2 = d^2 + 2d\times Op + \overline{Op}^2 + \overline{mp}^2 = d^2 + 2d\times Op + r^2.$$

Multipliant par la masse m du point m, et ajoutant ensemble les équations

---

sur $M\frac{\pi(OA_0)^4}{2}$; en sorte que, en supposant $OA_0 = 0$, le moment d'inertie du cercle de rayon OA est $M.\frac{\pi.(OA)^4}{2}$,

Ce qu'il fallait démontrer.

On voit aussi, d'après les raisonnements de cette note et de la précédente, généralisés pour une valeur quelconque de l'exposant appelé n au N.° 15 que toute somme $S.A^{n-1}a$ d'une infinité de produits de la puissance $(n-1)^{ième}$ d'une quantité variable A par ses accroissements successifs a depuis une valeur initiale A_0 jusqu'à une valeur finale A, a pour valeur la différence $\frac{A^n}{n} - \frac{A_0^n}{n}$ des $n^{ièmes}$ parties des puissances $n^{ièmes}$ de ses valeurs extrêmes ; en sorte que si cette somme est une quantité qui doit s'annuler en même temps que A, sa valeur est $\frac{A^n}{n}$.

semblables posées pour tous les points du système on a, M étant la masse totale ou la somme des masses des points

$$S\,m\,r_1^2 = S\,m\,r^2 + M\,d^2 + 2\,d \times S.\,m \times o\,p.$$

Mais $o\,p$ est la même chose que la distance $m\,q$ du point m à un plan B O C mené par le centre de gravité et par le premier axe, perpendiculairement au plan des deux axes : On sait que la somme algébrique $S.\,m \times o\,q$ des produits des masses des points d'un système par leurs distances à tout plan passant par le centre de gravité, est nulle (N.° 59, Théorème 3). Le dernier terme de l'équation précédente est donc zéro, et il reste l'équation

$$S.\,m\,r_1^2 = S\,m\,r^2 + M\,d^2,$$

qui est précisément l'expression du deuxième théorème.

Moment d'inertie d'un rectangle.

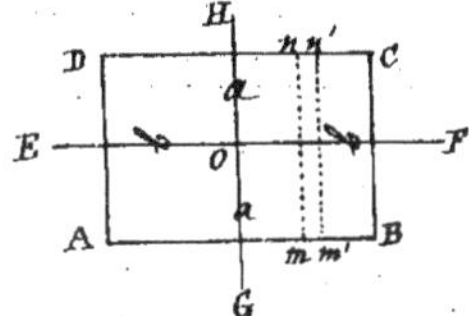

133. Le moment d'inertie d'un rectangle ABCD dont les côtés sont AB = a, BC = b autour d'un des côtés, AB par exemple, sera la somme des moments d'inertie des rectangles élémentaires $m\,m'\,n'\,n$ dans lesquels on peut le diviser par des droites infiniment proches, parallèles aux autres côtés AD, BC. Chacun de ces petits rectangles étant comme une ligne droite, a pour moment d'inertie (N.° 131) sa masse multipliée par le tiers $\frac{b^2}{3}$ du carré de son grand côté.

Donc le moment d'inertie du rectangle entier autour de son côté AB = a, est aussi égal à sa masse multipliée par le tiers $\frac{b^2}{3}$ du carré d'un côté adjacent b, ou est égal à $M\frac{ab^3}{3}$, M étant la masse de l'unité superficielle.

Son moment d'inertie autour de sa médiane E F, c'est-à-dire d'une droite également éloignée des deux côtés opposés AB = CD = a, sera la somme des moments d'inertie des deux rectangles partiels EFBA, EFCD, et sera par conséquent égale à $2.\,Ma\frac{(\frac{1}{2}b)^3}{3} = M\frac{ab^3}{12}$.

Autour de la seconde médiane GH, le moment sera $M\frac{a^3b}{12}$.

Donc, d'après le 1.er théorème du numéro précédent, le moment d'inertie du rectangle autour d'un axe perpendiculaire à son plan, passant par son centre de figure O, qui est le point d'intersection des deux médianes, est la somme $M\frac{ab^3}{12} + M\frac{a^3b}{12} = M\,a\,b\,\frac{a^2+b^2}{12}$, ou est égal à sa masse multipliée par le douzième du carré de sa diagonale AC ou BD

Si l'on veut avoir son moment d'inertie autour d'un

perpendiculaire à son plan, menée par un autre point que son centre de figure ou de gravité O, par exemple menée par un de ses angles A, il n'y a, d'après le second théorème du numéro précédent, qu'à ajouter, à $Mab\frac{a^2+b^2}{12}$ le produit de la masse Mab par le carré de la distance AO, c'est-à-dire $Mab\frac{a^2+b^2}{4}$. Il en résulte $Mab\frac{a^2+b^2}{3}$, en sorte que le moment d'un rectangle autour d'une perpendiculaire à son plan, menée par un de ses angles, est égale à sa masse multipliée par le tiers du carré de sa diagonale.

Le moment, autour de sa médiane EF, d'un rectangle $a \times b$ évidé au milieu par un autre rectangle $a' \times b'$, est la différence des moments de ces rectangles, ou $M\frac{ab^3}{12} - M\frac{a'b'^3}{12}$.

L'expression du moment serait la même si le rectangle était évidé latéralement, en double T; a' représenterait la somme des profondeurs des deux évidements.

Moments d'inertie d'un parallellipipède rectangle.

134. Comme un parallellipipède rectangle dont ABCD est une des bases peut être partagé par des plans parallèles à cette base, en tranches infiniment minces dont chacune aura, autour d'un axe perpendiculaire à ces plans, un moment d'inertie semblable à celui du rectangle ABCD, on en conclut, en ajoutant ensemble tous ces moments :

Que le moment d'inertie d'un parallellipipède rectangle autour d'une droite passant par les centres de deux de ses bases opposées, est égal à sa masse multipliée par le douzième du carré d'une diagonale de l'une de ces deux bases; ou est égal à $Mabc\frac{a^2+b^2}{12}$, a, b étant les deux côtés formant ces bases et c le troisième côté.

Que son moment d'inertie autour d'une de ses arêtes est égal à sa masse multipliée par le tiers du carré de la diagonale de l'une des faces perpendiculaires à cette arête; ou à $Mabc\frac{a^2+b^2}{3}$, c étant l'arête servant d'axe de rotation.

Si l'on prend pour axe de rotation une médiane d'une des six bases, par exemple celle HH' qui est parallèle aux côtés c de la base CDD'C' et qui coupe par moitié ses côtés b, il faudra, au moment $Mab\frac{a^2+b^2}{12}$ autour de l'axe parallèle passant par le centre de gravité, ajouter (Numéro précédent 2me théorème) le produit de la masse $Mabc$ par le carré de la distance $OH = \frac{1}{2}a$ des deux axes. On aura ainsi $Mabc\left(\frac{a^2}{3}+\frac{b^2}{12}\right)$ pour le moment d'inertie d'une barre rectangulaire, de longueur a, autour de la médiane parallèle à c d'une de ses bases extrêmes.

Le moment d'inertie d'un tuyau rectangulaire dont les dimensions transversales sont a et b extérieurement, a' et b' intérieurement, et c la longueur, est, autour de son axe, la différence des moments d'inertie des parallélipipèdes extérieur et intérieur, ou $M\,abc\,\frac{a^2+b^2}{12} - M\,a'b'c\,\frac{a'^2+b'^2}{12}$.

Moment d'inertie d'un cercle.

135. On a trouvé, au N° 131, $M\pi\frac{A^4}{2}$ ou le produit de la masse $M\pi A^2$ par le demi-carré du rayon $\frac{A^2}{2}$ pour le moment d'inertie d'un cercle de rayon A autour d'une droite perpendiculaire à son plan, menée par son centre.

On en conclut, au moyen du premier théorème du N° 132 que le moment d'inertie d'un cercle autour d'un de ses diamètres est le produit de sa masse par le quart du carré du rayon, ou la moitié $M\pi\frac{A^4}{4}$ de son moment autour de la droite perpendiculaire à son plan, passant par le centre, car ce dernier est égal à la somme des moments autour de deux diamètres rectangulaires, et ceux-ci sont évidemment égaux.

En ajoutant le produit de la masse $M\pi A^2$ par le carré A^2 du rayon OD, on a $M\pi A^2\frac{5A^2}{4}$ pour le moment d'inertie autour de la tangente BDC, d'après le 2ème théorème du N° 132, car $OD = A$ est la distance de la tangente au diamètre. Si le cercle d'un rayon A est évidé par un cercle d'un rayon A', le moment d'inertie autour du diamètre est $\frac{M\pi}{4}(A^4 - A'^4) = \frac{M\pi}{4}(A^2 - A'^2) \times (A^2 + A'^2)$. Et comme la masse est alors $M\pi A^2 - M\pi A'^2$, le moment d'inertie est le produit de la masse par $\frac{A^2+A'^2}{4}$ ou par le quart de la somme des carrés des rayons extérieur et intérieur.

Si l'on n'a qu'un secteur de cercle, le moment d'inertie autour de la perpendiculaire au plan, passant par le centre, est évidemment à celui du cercle entier comme l'arc du secteur est à la circonférence entière, en sorte qu'on a toujours pour moment d'inertie, comme dans le cas du cercle entier, le produit de la masse par le demi carré du rayon.

Moment d'inertie d'un cylindre plein ou évidé.

136. Comme un cylindre à base circulaire peut toujours être partagé en tranches circulaires infiniment minces, son moment d'inertie, par rapport à son axe, est, comme pour le cercle, égal à sa masse multipliée par le demi-carré de son rayon, ou a $ML\pi\frac{A^4}{2}$, A étant le rayon, et

L la longueur.

Pour en déduire le moment autour d'une des arêtes, on n'a, suivant le 2ème théorème du N.° 132 qu'à ajouter le produit de la masse $M L \pi A^2$ par le carré A^2 du rayon, ce qui donne $M L \pi A^2 \cdot \frac{3A^2}{2}$.

Si le cylindre de rayon A est évidé par un autre cylindre de rayon A', c'est-à-dire si l'on a un tuyau, un anneau ou une jante de roue ou de volant, le moment d'inertie autour de l'axe est $\frac{ML\pi}{2}(A^4 - A'^4) = \frac{ML\pi}{2}(A^2 + A'^2)(A^2 - A'^2)$, ou la masse multipliée par la demi somme des carrés des rayons extérieur et intérieur.

omen d'inertie
un solide
conque, obtenu
pproximativement.

137. D'autres calculs que nous n'exposerons pas ici, peuvent servir à déterminer les moments d'inertie de divers autres corps réguliers.

Mais voici une méthode générale pour obtenir approximativement les moments d'inertie des solides quelconques, même d'une forme irrégulière. Elle est fondée sur ce théorème analogue au premier du N.° 132.

Théorème. Le moment d'inertie d'un système autour d'un axe quelconque est égal à la somme des produits des masses de ses éléments par les carrés de leurs distances à un plan quelconque passant par cet axe, plus la somme de leurs produits par les carrés de leurs distances à un deuxième plan perpendiculaire au premier, et passant également par l'axe de rotation. En effet le carré r^2 de la distance $Om = r$ d'un point m à l'axe O de rotation (auquel nous supposons le plan du tableau perpendiculaire) est égal à la somme $x^2 + y^2$ de ses distances $mq = x$ et $mp = y$ aux deux plans perpendiculaires BOB, COC passant par l'axe de rotation, d'où il suit que le moment d'inertie $S\,m r^2 = S\,m x^2 + S\,m y^2$.

Cela posé partageons le corps en tranches $d e d' e'$ par des plans parallèles à celui COC et infiniment voisins. Soit A la section de, X sa distance à ce plan, et x l'épaisseur infiniment petite de la tranche; le volume de cette tranche est Ax, sa masse est MAx, M étant toujours la masse de l'unité de volume, en sorte que $S\,m X^2 = M\,S A X^2 x$. Pour calculer la somme SAX^2x, comme nous avons fait au N.° 61 pour celle $SAXx$ soient $A_0, A_1, A_2 \ldots$ des sections équidistantes en nombre impair, h leur intervalle constant, la formule de Simpson nous donnera

$$SAX^2x = \frac{1}{3}h\,(A_0X_0^2 + 4A_1X_1^2 + 2A_2X_2^2 + 4A_3X_3^2 + \text{etc.} \ldots + 4A_{n-1}X_{n-1}^2 + A_nX_n^2).$$

Faisant un calcul semblable pour $S.mY^2$ et ajoutant, nous aurons le moment d'inertie.

Suite des simplifications à l'équation de l'effet du travail.

Ressorts.

B A
F ← VVVVV → F

138. Lorsqu'il y a, dans le système, quelque corps non invariable, ou dont les molécules changent sensiblement de distance, il faut (N.os 122, 123) tenir compte du travail de leurs actions mutuelles.

Si (ce qui arrive le plus souvent) ce corps est un ressort sollicité seulement en deux points extrêmes A, B, et si le mouvement qui a écarté ou rapproché ses parties les unes des autres a été très lent ou bien si sa masse est très faible, il suffit pour avoir le travail élémentaire des actions mutuelles à un instant quelconque, de prendre le produit de la force F que l'expérience a reconnue capable de lui donner son degré de tension actuel par l'écartement ou le rapprochement élémentaire de A et de B, absolument comme si ces deux extrémités agissaient directement l'une sur l'autre avec une force d'attraction ou de répulsion F. En effet, comme les autres points du ressort, compris entre A et B ne prennent que de très petites vitesses ou n'ont que de très petites masses par hypothèse, ils n'acquièrent que des puissances vives insensibles et les forces qui agissent sur chacun d'eux ont, par conséquent, un travail négligeable, comme si elles se faisaient à peu près équilibre.

On voit qu'alors on peut remplacer par un seul terme $F\ell$ les travaux de toutes les actions mutuelles des points du ressort, ℓ étant son allongement ou son raccourcissement élémentaire.

Il en est autrement dans le cas où le ressort est très pesant, et où les mouvements d'écartement ou de rapprochement de ses parties s'opèrent avec une certaine brusquerie: alors les forces F, F agissant aux deux extrémités A, B du ressort ne sont plus sensiblement égales à tous les instants et celles qui sollicitent les autres points ne se font pas équilibre: il faut tenir compte des travaux de celles-ci, et de l'inégalité de celles-là. Mais ce cas difficile se présente rarement dans les applications.

Suite. Travaux des actions moléculaires entre corps différents.

139. Voyons maintenant comment on peut tenir compte aussi, au moyen d'un petit nombre de termes, du travail des actions entre molécules appartenant à des corps différents.

A distance sensible, ces actions sont insensibles dans les systèmes terrestres, où l'on ne comprend ni la terre ni aucun autre astre. Il suffit donc d'évaluer les travaux d'actions moléculaires à des distances imperceptibles, c'est-à-dire au contact, en n'entendant par ce dernier mot qu'un très grand rapprochement, offrant à nos organes l'apparence d'une contiguïté que l'on sait n'exister jamais entre les parties de la matière.

Les actions de deux corps en contact, qui s'accompagnent l'une l'autre ont un travail nul, puisque (N.° 123) les distances de leurs parties ne varient pas. Le travail des actions entre corps qui se pénètrent, comme l'outil et la matière mise en œuvre, ou entre corps solides et corps fluides, sera considéré dans d'autres parties du cours. Nous parlerons donc seulement ici, des travaux d'actions moléculaires:

Entre corps qui glissent l'un contre l'autre;

Entre corps qui roulent l'un sur l'autre;

Entre corps qui se choquent.

Frottement de glissement.

140. Lorsqu'un corps solide A glisse contre un autre corps solide B, si l'on décompose les actions des molécules de celui ci sur les molécules de celui là dans un sens perpendiculaire et dans un sens parallèle à leur surface de contact, la somme des composantes perpendiculaires est ce qu'on appelle la pression normale ou simplement la pression de B sur A, égale et opposée à la pression aussi normale de A sur B. Elle ne produit aucun travail, pour le mouvement de glissement de A sur B, puisque ce mouvement est perpendiculaire à sa direction (N.° 108). Le travail total des actions de B sur A, pour le même mouvement, se réduit donc à celui de la résultante des composantes tangentielles, c'est à dire parallèles à la surface du contact ou au plan tangent commun des deux corps. On appelle cette résultante le frottement de A contre B. (1)

Le frottement de deux corps glissant l'un contre l'autre,

---

(1) Le mouvement de glissement du corps A n'est pas le mouvement de l'une quelconque de ses molécules, car elles prennent des mouvements vibratoires très différents les uns des autres et fort compliqués par l'effet des attractions & répulsions inégales et variables des molécules de B dans le voisinage desquelles elles passent: c'est leur mouvement moyen, ou le

est donc une résultante d'actions moléculaires de ces corps, décomposée suivant leur face de contact.

L'expérience prouve :

1° Que cette force est toujours opposée au mouvement relatif des deux corps ou au sens dans lequel l'un des deux glisse sur l'autre, ou est simplement sollicité à y glisser ;

2° Qu'il est proportionnel à la pression normale quand la nature des deux corps ne change pas, non plus que leur poli ni leurs enduits ;

3° Qu'il est indépendant de l'étendue des surfaces en contact ;

4° Que celui qui a lieu pendant le mouvement est aussi indépendant de la vitesse relative des deux corps, au moins jusqu'à des vitesses de 3 mètres par seconde ;

---

mouvement de translation perceptible des centres de gravité d'élémens ou de groupes finis de A, comprenant un nombre suffisamment grand de molécules pour compenser les inégalités et faire disparaître les complications de leurs mouvemens individuels.

m - - - - - → m m'

Si, au lieu de poser l'équation des puissances vives et du travail pour les mouvemens moyens & perceptibles des élémens ou groupes finis (N° 121) des corps A et B supposés faire tous deux partie du système, on la posait pour les mouvemens réels des molécules de ces deux corps, on aurait bientôt zéro pour le travail total des actions mutuelles des molécules de A et de B, car lorsqu'une molécule m d'abord trop éloignée d'une autre molécule m' pour en recevoir une action sensible, vient à s'en rapprocher puis à s'en éloigner de nouveau, de manière à ressortir de sa sphère d'activité, elle reçoit aux mêmes distances, pendant la période d'éloignement, la suite des mêmes actions que pendant la période de rapprochement (N°s 78, 94, 124) d'où il suit (N° 122) que les travaux élémentaires pendant la deuxième période sont égaux & opposés de ceux de la première, et que le travail total de leurs actions est nul. Mais si l'on pose ainsi l'équation du N° 120 pour les mouvemens moléculaires réels il faut tenir compte des puissances vives dues aux vitesses vibratoires, et, aussi, des travaux résistans des actions moléculaires des supports & points d'appui qui éteignent ou qui limitent les vibrations du système à mesure qu'elles sont créées et transmises à des points voisins de ces points extérieurs. Ces travaux résistants, augmentés des puissances vives vibratoires qui sont créées aux dépens de celles dues aux mouvemens de translations, donnent une quantité dont il n'est pas difficile de reconnaître l'égalité avec le travail du frottement mutuel de A et de B pour leur mouvement de glissement.

On ne croit pas nécessaire de développer davantage, ici, ces considérations que l'on croit propres à lever quelques difficultés théoriques pouvant se présenter à l'esprit et à concilier diverses opinions, en apparence contraires, qui ont été émises sur la nature & les causes des frottemens.

3°. Que celui qui a lieu au départ, c'est à dire lorsque le mouvement n'est que sur le point de naître, entre deux corps qui ont été pendant quelque temps en contact, est ordinairement plus considérable. La différence n'est notable que pour les corps compressibles tels que le bois, les cordes &c.: elle est à peine sensible pour les corps durs, tels que les pierres & les métaux. En tout cas un simple ébranlement suffit pour la faire disparaître.

Expériences sur le frottement.

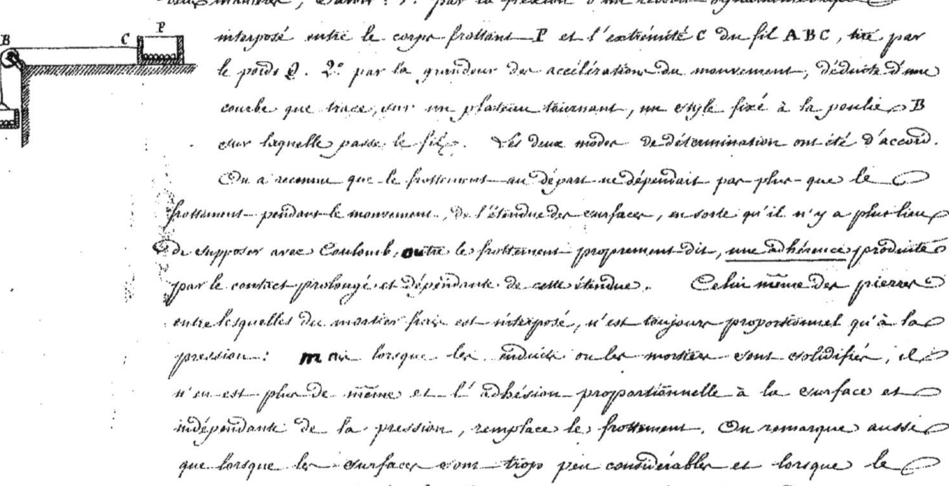

141. Dans les dernières expériences, faites à Metz de 1831 à 1834 par Mr Morin, l'intensité du frottement a été déterminée de deux manières, savoir: 1°. par la flexion d'un ressort dynamométrique interposé entre le corps frottant P et l'extrémité C du fil ABC, tiré par le poids Q. 2°. par la grandeur des accélérations du mouvement, déduite d'une courbe que trace, sur un plateau tournant, un style fixé à la poulie B sur laquelle passe le fil. Les deux modes de détermination ont été d'accord.

On a reconnu que le frottement au départ ne dépendait pas plus que le frottement pendant le mouvement, de l'étendue des surfaces, en sorte qu'il n'y a plus lieu de supposer avec Coulomb, outre le frottement proprement dit, une adhérence produite par le contact prolongé et dépendante de cette étendue. Celui même des pierres entre lesquelles du mortier frais est interposé, n'est toujours proportionnel qu'à la pression: mais lorsque les enduits ou les mortiers sont solidifiés, il n'en est plus de même et l'adhésion proportionnelle à la surface et indépendante de la pression, remplace le frottement. On remarque aussi que lorsque les surfaces sont trop peu considérables et lorsque le contact est prolongé, les enduits gras, par lesquels on diminue beaucoup le frottement des métaux sont sujets à être expulsés par de fortes pressions, et le frottement augmente.

Voici quelques valeurs du coefficient du frottement ou du rapport du frottement à la pression pour divers corps.

	Coefficient, ou rapport du frottement à la pression.	
	pendant le mouvement	au départ
Chêne sur chêne, surfaces à sec, fibres parallèles	0, 48	0, 62
— D. — D — , fibres perpendiculaires	0, 34	0, 54
— D — surfaces mouillées d'eau, fibres perpendiculaires	0, 25	0, 71
Bois sur métaux, à sec	0,30 à 0,60	0, 62
— D — , mouillés d'eau	0,20 à 0,30	0, 62
Métaux sur métaux, à sec	0,16 à 0,20	0,16 à 0,20
Bois sur ou métaux, enduits et lubrefiés de suif, huile ou saindoux	0, 07 à 0, 08	0, 11
— D — simplement onctueux	0, 15	0, 15

Calcul du frottement de glissement et de son travail.

142. On voit que si que si N est la pression normale,
F le frottement,
R leur résultante ou la résultante des actions moléculaires des deux corps,
f, le coefficient du frottement,

On a, R étant la diagonale d'un parallélogramme rectangle dont N et F sont les côtés :

$$R^2 = N^2 + F^2 \quad ; \quad F = fN \ , \ \text{d'où } F = \frac{f}{\sqrt{1+f^2}}\ R \ .$$

Connaissant donc les forces qui sollicitent l'un des corps, on n'a qu'à prendre leur résultante R qui est égale et opposée à la réaction moléculaire totale de l'autre corps ; on en déduira au moyen de la valeur de f prise dans la table, la grandeur du frottement $F = \frac{f}{\sqrt{1+f^2}}\ R$

Multipliant F par l'espace que l'un des deux corps parcourt relativement au second, on a le travail du frottement, ou des actions moléculaires de ces deux corps glissant l'un sur l'autre.

Frottement de roulement.

143. Lorsqu'un cylindre roule sur un plan fixe, l'expérience prouve que le travail des actions des molécules de celui ci sur les molécules de celle là, peut être remplacé par celui d'une certaine force unique, pour le mouvement de l'axe du cylindre parallèlement au plan. Cette force unique appelée *frottement de roulement*, a un sens opposé à celui du mouvement.

Elle est beaucoup moindre que le frottement de glissement, et proportionnelle comme celui ci à la pression; elle dépend, et des matières en contact, et du diamètre du cylindre.

Si celui ci a une base non circulaire, on l'assimile, sur une petite étendue, à un cylindre à base circulaire, ayant pour rayon le rayon de courbure de cette base au point de contact.

Nous donnerons la valeur numérique de quelques *coefficients* du frottement de roulement quand nous traiterons des machines et du tirage des voitures. Nous dirons seulement ici qu'il varie entre $\frac{1}{15}$ et $\frac{1}{80}$ sur les routes empierrées, avec roues de 1m. 60 de diamètre, que sur du gros pavé comme celui de Paris il est $\frac{1}{60}$ et qu'il s'abaisse à $\frac{1}{100}$ sur du pavé de très petit échantillon.

Raideur des cordes.

144. Si les cordes qui s'enroulent sur les poulies, les tambours ou les arbres des machines étaient faites avec une matière parfaitement élastique, telle que le caoutchouc, le travail dépensé pour leur enroulement serait récupéré au déroulement, en vertu de ce qu'on a vu au N° 124.

Mais les cordes ordinaires, composées de *fils de carret* en chanvre, ne remplissent pas cette condition; il faut, pour les enrouler, employer du travail moteur et si le déroulement n'en exige aucun, il n'en reproduit aucun non plus.

L'expérience prouve que le travail nécessaire à leur enroulement est celui d'une force appelée leur *raideur*, appliquée tangentiellement à la circonférence formée par l'axe de la corde dans un sens contraire au mouvement. Cette force R est donnée par la formule

$$R = \frac{A + BQ}{D}$$

où D est le diamètre de cette circonférence, c'est-à-dire le diamètre de la poulie ou de l'arbre, augmenté du diamètre de la corde, Q est *la tension de la corde*, c'est à dire la force de traction exercée sur elle, et A, B, deux coefficients numériques qui varient avec la nature et la grosseur de la corde. Nous donnerons le tableau de ces coefficients en parlant des machines. Qu'il nous suffise de dire ici, comme exemple, que l'on a pour des cordes

blanches (ou non goudronnées) de $0^m,009$ de diamètre ; A = 0,0106 , B = 0,0022 ,
0,020 ———— 0,23 —— 0,011 ,
0,028 ———— 0,90 —— 0,022 .

D'où il suit que si une corde de 2 centimètres passant sur une poulie de 0^m18 de diamètre, élève un poids de 300 kilogrammes, il faudra lui appliquer, de l'autre côté de la poulie, une force de $300^K + \frac{0,23 + 0,011 \times 300^K}{0,18 + 0,02} = 317^K65$.

Choc des corps qui s'accompagnent après s'être rencontrés.

145. Lors du choc de deux corps il y a rapprochement entre parties qui exercent les unes sur les autres des actions répulsives, et, par conséquent, il y a un travail négatif produit (N° 122)

Mais si les deux corps, après s'être ainsi comprimés mutuellement, reviennent à leur première forme, et se séparent en vertu des mêmes répulsions comme il arrive pour l'ivoire, le caoutchouc et autres corps parfaitement élastiques et même généralement pour tous dans des limites plus ou moins resserrées, il y a, dans ce retour, un travail positif ou moteur qui compense le travail négatif ou résistant (N° 123), et, par conséquent, le travail total des actions moléculaires a été nul.

Il en est autrement si les compressions subsistent et si les deux corps marchent ensemble après leur choc. Cherchons quel est alors le travail des actions moléculaires.

Supposons que les centres de gravité se meuvent sur la même ligne ; Soient

V et V' leurs vitesses avant le choc,

M et M' les masses,

U la vitesse commune après le choc.

A chaque instant les produits des masses de ces corps par les accélérations opposées de leurs centres de gravité sont égaux, car ces produits représentent leur action répulsive mutuelle (N° 84) ; les produits des masses par les vitesses gagnées seront donc égaux et de signe contraire (N° 81) en sorte qu'on aura :

$$M(V-U) + M'(V'-U) = 0, \text{ d'où } U = \frac{MV + M'V'}{M + M'}$$

ce que l'on pouvait déduire, à priori, de ce que la vitesse <u>moyenne</u> ou la vitesse du centre de gravité du système des deux corps est $\frac{MV + M'V'}{M + M'}$ avant le choc (nos 43, 50, 58) et doit être égale à la vitesse U après le choc, puisque, la résultante des forces égales et opposées agissant sur les deux corps étant nulle, il ne doit pas y avoir eu d'accélération de ce centre.

La puissance vive acquise par le système est égale au travail des forces qui ont agi sur lui. Or il n'y a eu d'autres forces en jeu que les actions moléculaires : donc le travail de ces actions a été

$$M\frac{U^2}{2} + M'\frac{U^2}{2} - M\frac{V^2}{2} - M'\frac{V'^2}{2}.$$

Mettant à la place de U sa valeur $\frac{MV + M'V'}{M + M'}$ trouvée tout à l'heure, on trouve, toutes réductions faites

$$-\frac{MM'}{2(M+M')}(V-V')^2.$$

Ce travail est, comme on pouvait le prévoir, négatif ou résistant. On tiendra donc compte du travail des actions moléculaires développées dans le choc de deux corps M et M' animés de vitesses inégales V, V' supposées de même sens, qui marchent ensemble avec la même vitesse après s'être heurtés, en prenant, pour ce travail, le terme négatif qu'on vient d'écrire.

Il est facile de voir que cette expression peut être mise sous cette forme :

$$-\frac{M}{2}(V-U)^2 + \frac{M'}{2}(V'-U')^2$$

En sorte que le travail négatif des actions moléculaires développées dans le choc est égal numériquement à la somme des puissances vives dues aux vitesses perdues par les deux corps dans leur choc.

On pouvait le prévoir car en diminuant algébriquement les vitesses d'une même quantité U, le travail des actions mutuelles doit être le même ; or, alors, ce travail annule les puissances vives restantes.

Cas où le corps choquant est très petit par rapport au corps choqué.

146. Si la masse M du corps choquant est très petite par rapport à la masse M' du corps choqué, comme on peut mettre les expressions ci-dessus de la vitesse finale U et du travail moléculaire sous la forme

$$\frac{\frac{M}{M'}V + V'}{\frac{M}{M'} + 1}, \quad -\frac{M}{2\left(\frac{M}{M'} + 1\right)}(V-V')^2$$

elles se réduisent, en effaçant la petite fraction $\frac{M}{M'}$, à

$$V' \text{ et } -\frac{M}{2}(V-V')^2.$$

Donc alors 1° la vitesse après le choc est sensiblement celle du corps choqué ; 2° le travail résistant moléculaire est numériquement égal à la puissance vive due à la masse du corps choquant et à la vitesse qu'il a perdue dans le choc.

Cette considération, appliquée par Borda à ce qui se passe lors de la rencontre de tranches liquides infiniment minces avec des masses finies animées dans le même sens de vitesses plus petites, l'a conduit à la découverte de son théorème sur le travail moléculaire résistant produit lorsque la vitesse d'un fluide diminue rapidement en passant d'un tuyau plus étroit dans un tuyau plus large. On y reviendra dans l'hydrodynamique.

Choc de deux corps qui se quittent après s'être heurtés.

147. Si l'on suppose (N° 144) que les deux corps M, M', animés avant leur choc de vitesses de translation V, V' et dont les centres de gravité ont des vitesses U et U' après le choc, soient parfaitement élastiques et si l'on suppose de plus 1° Qu'au moment même où ils se quittent ils ont déjà repris leur première forme; 2° Qu'ils n'ont ensuite que des vitesses de translation et pas de vibration, ou, autrement dit, que les vitesses U, U' de leurs centres de gravité soient aussi celles de tous leurs points; le travail total de leurs actions moléculaires aura été nul, et comme les puissances vives après le choc sont, alors, $\frac{MU^2}{2}$, $\frac{M'U'^2}{2}$, on aura :

$$\frac{MV^2}{2} + \frac{M'V'^2}{2} = \frac{MU^2}{2} + \frac{M'U'^2}{2}$$

Si l'on met cette équation, et celle $MV + M'V' = MU + M'U'$ qui exprime (comme au n° 144) que le centre de gravité général n'a reçu aucune accélération, sous les formes

$$M(V^2 - U^2) = M'(U'^2 - V'^2), \quad M(V - U) = M'(U' - V')$$

et si on les divise l'une par l'autre membre à membre, on obtient celle :

$$V + U = V' + U'$$

qui, combinée avec la seconde, donne les valeurs suivantes des vitesses après le choc de ces deux corps élastiques :

$$U = 2\,\frac{MV + M'V'}{M + M'} - V \quad , \quad U' = 2\,\frac{MV + M'V'}{M + M'} - V'$$

en sorte que les vitesses, après le choc, excèdent autant la vitesse $\frac{MV + M'V'}{M + M'}$ du centre de gravité général, ou sont excédées par elle, autant que celle-ci est supérieure ou inférieure aux vitesses V, V' avant le choc.

Si $M = M'$ on trouve $U = V'$, $U' = V$ en sorte que dans le choc de deux masses élastiques égales, il y a échange des vitesses.

L'expérience confirme à peu près ce résultat dans le choc des sphères élastiques, mais nullement dans le choc des disques qui se rencontrent à plat, ce qui vient de ce que, pour les sphères, il n'y a de vibrations notables qu'aux environs du point de contact, tandis que, pour les disques, il y en a dans tout leur intérieur, en sorte que les deux conditions que nous avons posées au commencement de cet article ne sont pas remplies.

Il faudra donc, lorsque dans un système il y aura un choc entre deux corps M et M', même parfaitement élastiques, porter toujours en ligne de compte, tant pour travail moléculaire résistant que pour puissance vive de vibration créée aux dépens de celle due aux mouvemens translatoires des centres de gravité, un terme négatif compris entre $-\frac{MM'}{2(M+M')}(V-V')^2$ et zéro (N.° 144).

Chapitre 7ème.

Suite de la dynamique. Applications du principe du travail et des puissances vives. — Machines en général. — Points lignes et surfaces sensiblement fixes. — Rotation. — Pendules.

Machines. Equation de leur travail.

148. Une *machine* est un corps ou un assemblage de corps destiné à transmettre le travail des forces, en recevant leur action sur certains points et en exerçant, par d'autres points, des forces généralement différentes en intensité et en direction, mais qui n'entrent en jeu que par l'exercice des premières.

Sous ce rapport, un outil quelconque, tel qu'une bêche, une faulx, ou un instrument tel qu'une charrue, est une machine.

Nous nous occuperons spécialement des machines et de leurs moteurs dans une autre partie du cours; et, déjà, dans le chapitre qui va suivre, nous donnerons une idée de ce qu'on appelle les machines simples, comme application du principe général de l'équilibre ou de l'uniformité du mouvement.

Nous nous bornons à donner, ici, sur la quantité de travail qu'elles transmettent, quelques principes généraux qui sont une conséquence du théorème de l'effet du travail (des puissances vives et du travail) énoncé au N.° 120 et développé dans les numéros suivants.

Nommons travail moteur celui des forces qui donnent le mouvement à une certaine partie de la machine (appelée souvent récepteur) et qui émanent de corps extérieurs appelés moteurs, tels que les organes de quelque être animé qui fait effort ou une masse d'eau qui descend, ou le vent qui souffle, ou bien de la vapeur ou tout autre ressort qui se détend &c.

Appelons effet dynamique ou travail transmis, le travail exercé par une autre partie de la machine sur des points extérieurs qui sont, ou ceux même de la matière à mettre en œuvre, ou ceux d'une deuxième machine ou d'un outil (nommé souvent opérateur) qui agira sur cette matière dont on a l'intention de déplacer les points (N.° 100); et appelons travail résistant principal le travail opposé et égal que les répulsions ou attractions de ces points extérieurs exercent sur la machine.

Appelons, enfin, travail résistant secondaire, tout travail de réaction contre des actions étrangères à celles qu'on veut produire. Tel est celui qui vient des actions moléculaires intérieures, comme le travail des frottements, de la résistance des cordes, des compressions dues aux chocs et des autres déformations quelconques des parties de la machine ou bien de la réaction de l'air et des supports auxquels des ébranlemens sont inévitablement communiqués &c.

Nommons $\mathcal{E}_m$, $\mathcal{E}_r$, $\mathcal{E}_f$ le travail moteur, le travail résistant principal et le travail résistant secondaire.

m, m'... les masses des diverses parties de la machine;

V_0, V_0'.... leurs vitesses initiales et V, V'... leurs vitesses finales ou leurs vitesses au bout du temps où ont été produits ces travaux.

P son poids total.

H_0, H les hauteurs initiale et finale de son centre de gravité général au dessous d'un même plan horizontal supérieur, en sorte que (N.° 121), $P(H-H_0)$ sera le travail total de la pesanteur sur ses diverses parties.

Nous aurons, en vertu du théorème général ou de l'équation du numéro 120

$$S\,m\left(\frac{V^2}{2}-\frac{V_0^2}{2}\right)=\mathcal{E}_m-\mathcal{E}_r-\mathcal{E}_f+P\,(H-H_0).$$

Le travail $\mathcal{E}_f$ des résistances secondaires ou étrangères est appelé quelquefois travail passif ou des résistances passives parceque le frottement est regardé comme une force qui ôte du mouvement sans pouvoir en communiquer, bien qu'il ne soit, en réalité, qu'une résultante de forces moléculaires tout aussi capables de donner du mouvement que les forces émanant des moteurs.

Le travail résistant principal $\mathcal{E}_r$ est quelquefois nommé travail des résistances actives ou utiles, et, le travail transmis qui lui est égal, effet utile de la machine. Mais il convient de réserver généralement ce dernier nom pour l'effet final obtenu sur la matière même à déplacer ou à mettre en œuvre. Or le calcul évaluatif auquel on soumet une machine pour apprécier sa bonté n'a communément pour objet, avons nous dit, que son action sur un outil ou opérateur qui, comme une deuxième machine, ne transmet le travail qu'avec d'autres pertes ou détournements en effets étrangers, devant faire l'objet de nouvelles évaluations indépendantes des premières et donnant ordinairement des résultats plus variables et moins assurés.

Transmission du travail après le règlement du mouvement par uniformité ou périodicité.

149. Dans les premiers instans où un moteur commence à agir sur une machine, elle prend une vitesse croissante. Par cela seul l'action du moteur devient moins intense, ce qui tient à diverses causes se ramenant presque toutes à cette loi des attractions et répulsions à de petites distances, en vertu de laquelle les points de la matière se repoussent avec moins de force quand ils s'éloignent les uns des autres ou s'attirent moins vivement lorsqu'ils se rapprochent (N.os 94, 95) Comme, en même temps, et pour une raison analogue, l'action des résistances va croissant, la vitesse cesse bientot d'augmenter, et le mouvement de la machine se règle, soit par l'uniformité soit par la périodicité; c'est à dire qu'après les premiers instans dont nous venons de parler et qui sont ceux de la mise en train, la vitesse des diverses parties de la machine devient constante ou prend périodiquement les mêmes grandeurs.

Cela a lieu, non seulement pour les vitesses perceptibles, les seules ordinairement qui soient l'objet du calcul (N° 121 et note du N° 140) mais même pour les vitesses des vibrations imperceptibles des molécules. Ces vibrations, créées surtout par les frottements et autres actions intérieures, se transmettent rapidement de proche en proche jusqu'aux supports, aux appuis, ou à l'air environnant, et de là à ces corps extérieurs eux-mêmes dont la réaction ou l'inertie les empêche de croître.

En conséquence, à partir de la mise en train, le terme $\Sigma m\left(\frac{V^2}{2}-\frac{V_0^2}{2}\right)$ de l'équation précédente représentant l'augmentation de puissance vive, est nul, ou reste compris dans des limites fort resserrées, soit qu'il s'applique aux mouvements perceptibles de certains groupes moléculaires, ou aux mouvements des dernières particules. Il en est de même du terme $P\,(H-H_0)$ qui dépend de l'ascension et de la descente, nulles ou périodiques, du centre de gravité général de la machine. Et comme les autres travaux prennent des valeurs qui s'accumulent (ainsi qu'on l'a déjà observé au N° 127), les deux termes dont nous venons de parler sont bientôt négligeables devant eux, et l'équation du numéro précédent se réduit à $0 = \mathcal{T}_m - \mathcal{T}_r - \mathcal{T}_f$, d'où :

$$\mathcal{T}_r = \mathcal{T}_m - \mathcal{T}_f$$

c'est-à-dire que lorsque le mouvement est réglé, *l'effet dynamique ou travail transmis, ou le travail égal des résistances principales, est égal au travail moteur, diminué du travail des résistances secondaires ou passives, ou du travail consommé en effets étrangers.*

C'est ce théorème auquel Coriolis a donné le nom de *principe de transmission du travail.*

Mais l'égalité qu'il exprime n'a lieu exactement que pour le temps compris entre des instants où les vitesses redeviennent les mêmes. Entre eux où les vitesses sont différentes dans une même période la puissance vive augmente ou diminue, en sorte que les pièces du mécanisme emmagasinent du travail sous forme de puissance vive et le restituent, en devenant motrices après avoir été mues.

Observation sur le mouvement perpétuel.

150. On voit que le travail utilement transmis, soit à la matière en œuvre, soit à l'outil qui la façonne, est toujours moindre que le travail moteur, à cause des résistances passives ou des transmissions étrangères qui ont toujours lieu. Mais en supposant même que ces résistances ou absorptions secondaires soient nulles, c'est-à-dire que les surfaces glissantes soient parfaitement polies ou sans frottement (ce qui est incompatible avec la constitution moléculaire des solides) que les fils soient parfaitement flexibles et incapables de vibration &c., on voit que le travail transmis ne peut jamais excéder le travail reçu, à moins que ce ne soit aux dépens de la puissance vive déjà acquise par la machine qui, en conséquence, sera bientôt arrêtée. Cela montre l'absurdité de toutes les tentatives, qu'on voit néanmoins se reproduire si souvent, pour obtenir un mouvement perpétuel, c'est-à-dire un appareil qui effectue indéfiniment du travail sans recevoir l'action d'aucun moteur extérieur, ou qui relève, de lui-même, des poids dont la chute nouvelle doit reproduire un travail moteur capable d'entretenir le mouvement, en faisant sans cesse de nouvel ouvrage.

Utilité des machines et conditions générales de leur meilleur établissement.

151. Mais si les machines ne créent pas de travail, et en dissipent même une partie en pure perte, elles transforment le reste de la manière la plus utile, car, indépendamment de leur effet, purement géométrique ou cinématique qui sera exposé dans une autre partie du cours et qui consiste à transformer un mouvement circulaire en mouvement continu &c., ou à substituer l'action d'une lame de métal à celle de nos mains qui ne sauraient d'elles mêmes diviser un corps dur, ou, enfin, à rendre applicable à toute espèce d'ouvrage, l'action des moteurs inintelligents de même manière, les machines servent à changer à volonté la grandeur de l'un des deux facteurs composant le travail, savoir la force et l'espace parcouru en un certain temps, en conservant ce produit à peu près le même. C'est ainsi qu'un ouvrier „ en exerçant continuellement un effort moyen de huit „ Kilogrammes sur une manivelle dont le parcours est de 0m 75c par „ seconde peut élever lentement un fardeau de 1000 Kilogrammes ou faire „ tourner très rapidement un certain nombre de broches à filer, n'offrant „ qu'une très faible résistance „ (1) (Voyez Chap. 8e). Aussi l'industrie agricole, comme l'industrie manufacturière, ne peut avancer dans la voie des économies qu'à la condition d'en faire un emploi de plus en plus étendu.

---

(1) M. Belanger, Cours de méc. N° 331.

Les conditions du bon et avantageux établissement des machines ~~sont~~ de diminuer le plus possible le travail des résistances secondaires ou passives, ou les effets étrangers, et de donner aux points d'application, soit des puissances motrices, soit des résistances principales, les genres de mouvement et les vitesses que l'expérience a reconnus propres à tirer, des premières le travail le plus considérable et à obtenir de l'action des forces directement opposées aux secondes, les meilleurs et les plus abondants produits selon le genre de fabrication. Comme toute augmentation ou toute diminution dans ces vitesses met le travail dans de moins bonnes conditions, il convient d'éviter, ou de rendre les plus petites possibles, les variations périodiques du mouvement qui sont d'ailleurs toujours accompagnées d'augmentations de résistances passives et qui obligent à employer des pièces plus fortes. Nous verrons plus tard comment on y parvient.

Lignes, points et surfaces sensiblement fixes.

152. Appliquons le théorème des puissances vives et du travail, du N° 120, à un cas simple, celui du mouvement d'un corps pesant sur une courbe qu'il est obligé de parcourir.

Cette *obligation* n'est jamais absolue, car elle vient de certaines lignes ou surfaces solides sur lesquelles le corps glisse ou roule parce qu'elles l'empêchent d'aller au delà, ou de certains points d'attache auxquels sont suspendus des fils ou des tiges qui le retiennent : Or il n'existe pas de matière parfaitement solide, il n'y a donc pas de lignes de surfaces ou de points parfaitement fixes, ni de tiges ou de fils absolument inextensibles ; il n'y a que des réactions plus ou moins énergiques exercées par leurs molécules contre celles du corps pour limiter les écarts de sa direction.

Si l'on néglige les frottements ainsi que la raideur des fils de suspension, on peut regarder les résultantes de ces réactions de lignes, de surfaces ou de points réputés fixes, comme perpendiculaires au mouvement, *en sorte que leur travail est nul et que l'on peut poser l'équation des puissances vives et du travail pour ces mouvements obligatoires, en ne tenant compte que des autres forces agissant sur les mobiles.*

Mouvement d'un corps pesant sur une ligne fixe.

153. Supposons donc qu'un point pesant soit astreint à se mouvoir ainsi sur une courbe quelconque. Soient V_0 sa vitesse initiale,

V sa vitesse finale,

m sa masse, et par conséquent mg son poids,

H la hauteur d'où sera descendu son centre de gravité.

Le travail de la pesanteur sur ce système aura été (Nos 110, 121, 148) mgH, donc puisque nous négligeons tout autre travail, l'équation des puissances vives donnera, en divisant tous ses termes par la masse m:

$$\frac{V^2}{2} - \frac{V_0^2}{2} = gH.$$

Il en résulte que le corps acquiert ou perd successivement les mêmes vitesses, pour mêmes hauteurs de chute ou d'ascension, que s'il se mouvait verticalement.

Si, par exemple, il n'a pas de vitesse initiale et s'il part de M, il aura acquis la même vitesse finale $V = \sqrt{2gH}$, due à la hauteur H (N° 31) du point M au dessus du plan horizontal AK, soit qu'il y arrive en C par une ligne verticale MC, soit qu'il y arrive en A, B, D, E, par des lignes droites inclinées ou par des courbes, soit même qu'il y arrive en K par une autre courbe MFGK qui après l'avoir fait descendre au dessous du plan, le ramène en K, à son niveau.

S'il a une vitesse initiale V_0, la hauteur $\frac{V^2}{2g}$ due à sa vitesse finale V sera plus grande ou plus petite que la hauteur $\frac{V_0^2}{2g}$ due à celle ci, de la hauteur $\pm H$ dont il aura descendu ou dont il sera remonté (car H doit être regardé comme négatif dans ce dernier cas) toujours comme s'il avait parcouru une verticale; en sorte que s'il est lancé en M avec une vitesse initiale V_0 tangentiellement à la courbe MLN qu'il est astreint à parcourir, il y remontera jusqu'à un point N élevé d'une hauteur verticale $NP = \frac{V_0^2}{2g}$ au dessus de son point de départ, toujours dans la supposition où le travail du frottement peut être négligé.

154

Pendule simple.

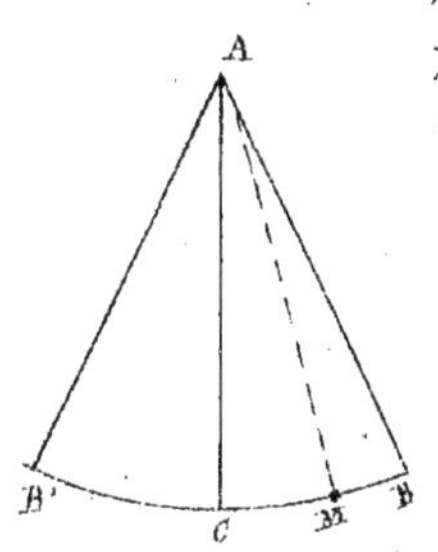

154. Soit un point pesant M suspendu à l'extrémité d'un fil infiniment délié attaché lui même à un point fixe A, en sorte que le point mobile abandonné sans vitesse initiale et ne se mouvant qu'en vertu de la pesanteur et de la réaction du fil, ne pourra parcourir qu'un arc de cercle BCB' situé dans un plan vertical et ayant le point fixe pour centre. Si on le lâche en B, il acquerra, en descendant en C qui est le point le plus bas de l'arc une vitesse due à la hauteur de B au-dessus de C, et capable de lui faire parcourir une portion d'arc CB' égale à BC comme nous venons de voir. Puis il redescendra de B' en C pour remonter de C en B, et il oscillera ainsi, de part et d'autre du point C jusqu'à ce que les résistances de l'air et du fil bien que faibles et négligeables lorsqu'on considère une seule oscillation, finissent par ralentir puis anéantir finalement son mouvement.

L'usage que l'on fait de cet appareil, appelé <u>pendule simple</u>, rend importante la connaissance du temps qu'il met à faire chaque oscillation. Pour arriver à cette connaissance, projetons en D et en E sur le rayon vertical $AC = l$ de l'arc parcouru, les points B et M qui sont les positions du point pesant au commencement et à un autre instant quelconque de sa course, et décrivons, sur CD comme diamètre, une circonférence du cercle : soient O son centre, m et n les points où elle est rencontrée par l'horizontale ME et par une autre horizontale menée du point N où le mobile est arrivé après un temps infiniment petit t à partir de l'instant où il était en M. La vitesse en M est, ainsi, $\frac{MN}{t}$ (N° 34). Comme elle est due à la hauteur verticale DE dont il est descendu depuis le commencement de son mouvement, cette même vitesse est égale à $\sqrt{2g.DE}$; et, comme mE, ligne abaissée d'un point m du petit cercle DmE, perpendiculairement à son diamètre DC, est moyenne proportionnelle entre les deux segments DE, EC de ce diamètre, on a $DE = \frac{\overline{mE}^2}{EC}$. On a donc cette première équation.

$$\frac{MN}{t} = \sqrt{2g.\frac{\overline{mE}^2}{EC}}.$$

Mais si, par les points N, n, on abaisse NQ, nq perpendiculaires à ME, les deux triangles semblables MNQ, AME, donnent $\frac{MN}{NQ} = \frac{MA}{ME}$, et les deux triangles semblables mnq, OmE donnent $\frac{nq}{mn} = \frac{mE}{mO}$,

proportion qui, multipliée par la précédente donne, comme $NQ = nq$,
$\frac{MN}{mn} = \frac{mE}{mO} \cdot \frac{MA}{ME}$. Mais $mA = l$, et la perpendiculaire ME est moyenne proportionnelle entre les deux segments EC, $2l - EC$ dans lesquels elle partage le diamètre $2l$ du grand cercle dont AC est le rayon. On a donc la seconde équation :

$$MN = mn \cdot \frac{mE}{mO} \cdot \frac{l}{\sqrt{EC(2l-EC)}}$$

Divisant cette équation, membre à membre, par la première que nous avons obtenue, nous avons pour la valeur du petit temps t :

$$t = \frac{mn}{2mO} \sqrt{\frac{l}{g\left(1 - \frac{EC}{2l}\right)}}$$

Comme on ne fait jamais faire aux pendules que des oscillations très petites par rapport à leur longueur, EC est toujours extrêmement petit par rapport à $2l$, qui est double de cette longueur ; on peut donc négliger $\frac{EC}{2l}$ devant 1. Il reste, comme $2mO = DC$:

$$t = mn \cdot \frac{1}{DC} \sqrt{\frac{l}{g}}.$$

Le temps employé à parcourir la petite portion MN de sa course est donc égal au petit arc correspondant mn du petit cercle Dmc, multiplié par une quantité constante. Le temps qu'il emploiera à parcourir le double de BC sera donc égal à la même quantité constante multipliée par la circonférence entière de ce même cercle, c'est-à-dire multipliée par $\pi \cdot DC$. Donc en appelant T le temps que le pendule simple de longueur l met à faire une oscillation entière, c'est-à-dire à arriver de l'autre côté de la verticale, à la même hauteur que son point de départ, on a la formule :

$$T = \pi \sqrt{\frac{l}{g}}.$$

Conséquences de la formule du temps d'une petite oscillation.

155. On voit que le temps d'une oscillation est indépendant de son amplitude $BCB' = 2BC$, à la seule condition que cette amplitude soit assez petite pour pouvoir négliger, devant l'unité, le rapport, au double de la longueur l, de la valeur moyenne OD de la flèche de courbure EC de son arc, dans le facteur $\frac{1}{\sqrt{1-\frac{OD}{2l}}}$.(1) Lorsque cette

(1) Ce facteur revient à très peu près à $1 + \frac{CD}{8l} = 1 + \frac{CB^2}{16l^2}$, en sorte qu'il suffit de pouvoir négliger la flèche totale de courbure CD devant huit fois la longueur du pendule ou le carré de la corde CB devant 16 fois le carré de la même longueur.

condition est remplie, peu importe la quantité dont le pendule est écarté de la verticale ; il exécute toujours ses oscillations dans le même temps.

C'est à cause de cette précieuse qualité appelée <u>isochronisme des petites oscillations</u>, que les pendules servent à régler, aujourd'hui, tous les instruments destinés à mesurer le temps.

On voit aussi que les temps des petites oscillations sont proportionnelles aux racines carrées des longueurs l des pendules ou que les nombres d'oscillations faites dans un temps donné sont en raison inverse de ces racines carrées, en sorte qu'un pendule de 4 mètres en fera 2 fois moins qu'un pendule d'un mètre.

On peut, au moyen de la même formule du N°. précédent, trouver la longueur d'un pendule battant les secondes par exemple. En faisant $T = 1$ on en tire $l = \frac{g}{\pi^2} = \frac{9,80896}{(3,14159265)^2} = 0^{\text{mèt}},9938555$, en sorte que lorsqu'on n'a pas de montre à secondes, il suffit, à la latitude et à l'altitude de Paris, de suspendre une balle de plomb à un fil de soie de manière qu'il y ait entre le centre de la balle et le point de suspension une distance de 994 millimètres pour pouvoir évaluer, en secondes le temps d'une expérience quelconque comme celle du jaugeage des courants d'eau. Il faudrait, à une latitude plus méridionale, ou sur une montagne, donner au pendule une longueur un peu moindre (N°. 30, note). Un pendule à demi secondes devrait être quatre fois moins long.

Réciproquement, la même formule du numéro précédent donne la valeur de l'accélération g en comptant le nombre n des oscillations d'un pendule pendant un temps assez considérable T' exactement mesuré. On en déduit $T = \frac{T'}{n}$, d'où $g = \frac{n^2\pi^2 l}{T'^2}$. C'est ainsi que l'on a obtenu la valeur de g bien plus exactement qu'on ne peut le faire par l'observation directe de la chute des corps.

Pendule composé.

156. Les pendules dont on fait ordinairement usage ne sont pas réduits à l'état de simplicité que nous avons supposé, ou à un seul point pesant suspendu à un fil sans pesanteur. Ils consistent dans un système solide AB oscillant autour d'un axe horizontal A. Lorsque le centre de gravité B de ce système est arrivé en M, ou est descendu de la hauteur verticale DE, on a, pour le travail de la pesanteur, M étant la masse du système

$$M g . DE$$

La puissance vive acquise est, en nommant U la vitesse angulaire ou la vitesse du point B′ situé à une distance $AB' = 1$, de l'axe, et I le moment d'inertie du système autour de A (N.° 130)

$$\frac{U^2}{2} I$$

Si D′E′ est la hauteur dont est descendu le point B′ situé à l'unité de distance de l'axe, et si a est la distance AB de l'axe au centre de gravité, on a $DE = a . D'E'$. Donc en égalant la puissance vive au travail on a

$$\frac{U^2}{2} \cdot \frac{I}{M a} = g . D'E'$$

Dans le pendule simple du N.° 154 si U est aussi la vitesse acquise par un point situé à l'unité de distance de l'axe dans sa chute d'une hauteur D′E′, la vitesse et la hauteur de chute DE du point mobile B situé à la distance l sont U l et $l . D'E'$; et comme la vitesse U l est due à cette hauteur, on a $\frac{U^2 l^2}{2 g} = l . D'E'$, ou

$$\frac{U^2}{2} \cdot l = g . D'E'.$$

Comparant cette équation à la précédente, on voit que les points situés à l'unité de distance de l'axe se meuvent de la même manière dans les deux pendules si l'on a

$$l = \frac{I}{M a}$$

C'est par conséquent la longueur du pendule simple qui fera ses oscillations dans le même temps que le pendule composé dont I est le moment d'inertie autour de son axe, M la masse, et a la distance de l'axe au centre de gravité.

Si, sur AB prolongé, on porte AO égal à la longueur l ainsi déterminée, le point O sera ce qu'on appelle le centre d'oscillation, point qui se meut, dans le pendule composé, de la même manière que s'il était à l'extrémité d'un pendule simple de même axe. (1) Ce centre varie avec l'axe.

---

(1) Si l'on fait le moment d'inertie $I = M R^2$, c'est à dire si R est le rayon de

En calculant (Nos 131 à 136) le moment d'inertie d'un pendule composé, et (Nos 51 à 62) la distance de son centre de gravité à l'axe, on aura, au moyen de la connaissance de sa masse, acquise par le pesage, la longueur l du pendule simple faisant les mêmes oscillations, et, par suite, au moyen de la formule du No 154, la durée de ces oscillations.

Réciproquement, en comptant les oscillations faites dans un certain temps par un corps quelconque, suspendu par un de ses points choisi arbitrairement, afin d'avoir la durée T de l'une d'elles, on en déduit, au moyen de la même formule, la longueur $l = \frac{I}{Ma}$ du pendule simple faisant des oscillations de même durée. On en tire, d'une manière expérimentale qui dispense des longues opérations des numéros 131 à 136, la valeur du moment d'inertie I du corps, autour de l'axe que l'on a choisi, et, par suite, au moyen du second des deux théorèmes simples du numéro 132, le moment d'inertie autour de son centre de gravité et autour de tout autre axe. La position du centre de gravité peut être déterminée elle même très souvent d'une manière expérimentale comme on verra au chapitre suivant.

Mouvement de rotation sous l'influence de forces quelconques.

157. Au reste, le mouvement du pendule composé n'est qu'un cas particulier du mouvement de rotation d'un corps solide sous l'influence de forces quelconques autour d'un axe fixe. Il convient de donner ici l'équation générale de son mouvement, que nous aurons à invoquer au chapitre suivant.

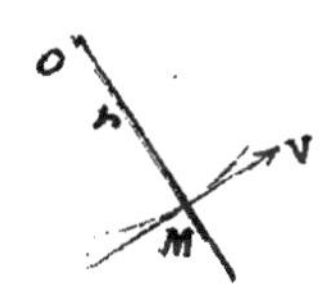

Soient O la projection de l'axe de rotation sur le plan du tableau, qu'on suppose lui être perpendiculaire;

M la projection d'un point matériel quelconque du système;

m sa masse;

j son accélération;

r sa distance OM à l'axe;

V sa vitesse actuelle, dirigée dans le sens MV perpendiculaire à r;

giration, ou le point dans lequel il faudrait concentrer toute la masse M pour que son moment d'inertie fût le même que celui du pendule composé, on a, comme l'on voit, $l = \frac{R^2}{a}$, c'est à dire que le rayon de giration est moyen proportionnel entre la distance du centre de gravité à l'axe de suspension, et la longueur du pendule simple exécutant ses oscillations dans le même temps.

U la vitesse angulaire du système, en sorte que $V = Ur$.

$V+v$, $U+u$, ce que deviennent V et U au bout d'un temps infiniment petit t;

F, F'... les forces extérieures, et f, f'... les forces intérieures agissant sur le point M;

$\mathcal{M}F$..., $\mathcal{M}f$..., les moments des forces F,... f... autour de l'axe O;

L'accélération j du point m est résultante des accélérations partielles $\frac{F}{m}$, $\frac{F'}{m}$... $\frac{f}{m}$, $\frac{f'}{m}$... qu'il reçoit des diverses forces. Or le moment d'une résultante de lignes, autour d'un axe, est égal à la somme des moments des lignes composantes (N.os 70, 71) (1). Donc

$$\mathcal{M}j = \frac{1}{m}(\mathcal{M}F + \mathcal{M}F' + \ldots + \mathcal{M}f + \mathcal{M}f' + \ldots).$$

Mais l'accélération j du point M qui se meut dans un cercle autour de l'axe O est décomposable en une accélération normale dirigée suivant MO et qui a un moment nul, et en une accélération tangentielle ou dirigée suivant MV perpendiculaire au rayon, qui a pour valeur (N.os 112, 119) $\frac{v}{t} = \frac{ru}{t}$, et, pour moment autour du point O, $\frac{r^2u}{t}$. On a donc $\mathcal{M}j = \frac{r^2u}{t}$, d'où

$$\frac{u}{t}\cdot mr^2 = \mathcal{M}F + \mathcal{M}F' + \ldots + \mathcal{M}f + \mathcal{M}f' + \ldots$$

Posons des équations semblables pour tous les points du système solide et ajoutons les toutes ensemble: les moments $\mathcal{M}f$, $\mathcal{M}f'$... des actions et réactions intérieures disparaîtront, car les moments des deux forces ou droites égales et directement opposées ont une somme nulle (N.os 68, 119). On a donc, S désignant les sommes de quantités de même nom relatives à tous le système

$$\frac{u}{t}\, S\, mr^2 = S\, \mathcal{M}F$$

en sorte que <u>l'accélération angulaire $\frac{u}{t}$ est égale à la somme des moments des forces extérieures F divisée par le moment d'inertie $S\,mr^2$.</u>

158.

(1) Si l'on ne veut pas invoquer le §. 4.e du Chapitre 3.me on n'a qu'à considérer que le travail de la résultante mj est égal à la somme des travaux des composantes F, F'... f, f'... et que le travail d'une force pour un mouvement de rotation est le produit du déplacement angulaire par le moment de la force autour de l'axe de rotation: on a donc bien, en divisant par le déplacement angulaire, $\mathcal{M}.mj = \mathcal{M}F + \ldots + \mathcal{M}f + \ldots$

Pendule conique.

158. Outre le pendule ordinaire dont nous avons parlé au N° 154, on se sert quelquefois, dans les machines, du pendule conique, dont les divers points décrivent des cercles horizontaux au lieu de décrire des arcs verticaux comme ceux du pendule ordinaire, et dont les diverses lignes de jonction des points avec celui de suspension engendrent des surfaces coniques ayant pour axe, la verticale menée du point de suspension.

Si nous le réduisons à un point pesant B et à un fil BA attaché en A, il est sollicité par deux forces dont l'une, sa pesanteur, lui imprime dans le sens de la verticale BP, une composante d'accélération g, et dont l'autre, l'action du fil, lui imprime une composante d'accélération dans le sens BA. L'accélération résultante de ce point qui se meut uniformément dans un cercle dont le rayon est $BC = r$ est, comme on a vu au N° 41, en désignant par V sa vitesse linéaire et par U sa vitesse angulaire

$$\frac{V^2}{r} = \frac{(Ur)^2}{r} = U^2 r$$

et est dirigée suivant BC. Ces trois accélérations étant dirigées parallèlement aux trois côtés du triangle ACB ou, ce qui revient au même, aux côtés et à la diagonale BC du parallélogramme double ABPC, sont proportionnelles à leurs longueurs, et l'on a, b étant la hauteur AC du point de suspension au-dessus du cercle décrit :

$$\frac{g}{U^2 r} = \frac{b}{r}, \text{ d'où } U = \sqrt{\frac{g}{b}}, \text{ et } V = Ur = r\sqrt{\frac{g}{b}}.$$

Soit T le temps pendant lequel le point B accomplit une révolution dans son cercle et revient au même endroit, on a $UT = 2\pi$ (N° 66) d'où

$$T = \frac{2\pi}{U} = 2\pi\sqrt{\frac{b}{g}}.$$

Le pendule conique fait ses oscillations d'une amplitude quelconque dans le même temps qu'un pendule simple ordinaire d'une longueur égale à la distance verticale b du point de suspension au plan horizontal du mouvement de son extrémité, exécute des oscillations très petites (N° 154); et l'extrémité de ce pendule simple prend au milieu de chacune des oscillations ou au point le plus bas de sa course périodique, une vitesse (figure N° 154) $\sqrt{2g\,CD} = \sqrt{2g \cdot \frac{\overline{BC}^2}{2b}} = BC\sqrt{\frac{g}{b}}$ égale justement à la vitesse constante de l'extrémité du pendule conique auquel nous le comparons, en sorte que les vitesses successives du pendule conique, projetée sur un plan vertical passant par le point de suspension, sont égales à la suite de celles du pendule ordinaire.

On voit aussi que si la longueur $l = AB = \sqrt{r^2 + b^2}$ est constante et donnée, r ou la quantité dont le pendule s'écarte de la verticale sera d'autant plus grand que b sera plus petit, et par conséquent le temps T d'une révolution sera plus court. On tire un parti très utile de cette propriété du pendule conique.

Chapitre 8ème.

Statique.

Equilibre. — Vitesses virtuelles. — Conditions nécessaires que les forces extérieures doivent remplir pour être en équilibre sur tous les systèmes. — Leur réduction à six équations. — Comment elles sont suffisantes pour un système solide. — Forces équivalentes. — Résultantes statiques; Forces parallèles, couples. — Application du principe des vitesses virtuelles aux machines simples.

Equilibre. Sa condition générale.

159. La statique est la partie de la mécanique qui traite de l'équilibre.

Définitions. On dit que des forces sont en équilibre sur un système lorsqu'elles ne donnent, ensemble, aucune accélération à ses points, en sorte qu'il se comporte comme si elles n'existaient pas.

On dit qu'un système est en équilibre lorsque toutes les forces qui agissent sur lui se font équilibre, ou lorsqu'aucun de ses points n'a d'accélération, en sorte qu'ils restent en repos s'ils sont en repos ou conservent la même vitesse s'ils sont en mouvement, absolument comme s'il n'y avait aucune force.

D'après cela, il est évident que la condition nécessaire et suffisante de l'équilibre de forces quelconques est que leur résultante soit nulle sur chacun des points qu'elles sollicitent.

Et celle de l'équilibre d'un système est que la résultante de toutes les forces soit nulle sur chaque point, en comprenant, bien entendu, non seulement celles extérieures ou émanant de points hors du système, mais encore celles intérieures, ou d'action et de réaction mutuelle de points appartenant les uns et les autres au système.

Nullité nécessaire et suffisante de trois sommes de projections des forces agissant sur chaque point.

160. Cette condition évidente peut être énoncée de plusieurs autres manières, par exemple en disant que la somme algébrique des forces qui sollicitent un même point, projetées dans une même direction quelconque, doit être nulle pour chaque point : car nous savons (N.° 8) que cette somme algébrique est la projection de la résultante.

Et il suffit, pour la nullité de cette somme des projections de forces dans toutes les directions possibles, qu'elle soit nulle sur trois axes rectangulaires arbitrairement choisis. En effet, la résultante ne saurait avoir, sans être nulle, une projection nulle sur un de ces axes, à moins d'être à angle droit sur lui, et si elle est à angle droit sur deux des axes, elle ne saurait l'être sur le troisième. Donc &c.

Il est facile de voir qu'il en sera de même si l'on considère trois projections obliques comme celles dont on a parlé au N.° 37 ou, même des projections orthogonales sur trois lignes quelconques non rectangulaires pourvu qu'elles ne soient pas, toutes trois, parallèles à un même plan.

Vitesses ou Déplacements virtuels. Travaux virtuels. Principe général.

161. Mais il y a un énoncé qui permet de réunir ensemble, dans des cas très nombreux, les conditions relatives à un grand nombre de points, et même à tous ceux dont se compose un même système.

C'est celui qui est tiré de la considération des vitesses virtuelles, vitesses étant entendu dans le sens de déplacements, et virtuelles voulant dire que ces déplacements sont simplement possibles & hypothétiques mais non pas nécessairement réels.

De ce que la projection d'une résultante sur une droite est somme algébrique des projections des composantes sur la même droite, il résulte immédiatement, comme nous avons vu (N.° 112) que le travail de la résultante, pour un espace parcouru quelconque, est somme algébrique des travaux de ses composantes, d'où il suit que si la résultante est nulle, la somme des travaux des composantes est nulle aussi ; ce que l'on voit de suite, du reste, en multipliant par un même petit espace parcouru, chacune des projections supposées faites sur la direction de cet espace.

Donc, <u>lorsque des forces sont en équilibre sur un point, la somme de leurs travaux virtuels quelconques, c'est à dire des travaux qu'elles feraient pour un déplacement hypothétique quelconque du point est nulle.</u>

C'est le principe des vitesses virtuelles ou des travaux virtuels pour un point. On peut l'exprimer par

$$\mathcal{E} F + \mathcal{E} F' + \ldots, = 0,$$

F, F'... étant les forces que l'on considère et qui peuvent être la totalité ou une partie seulement (N.° 159) des forces agissant sur le point et $\mathcal{E}$ ayant la signification des N.os 117 & 120.

Les déplacements virtuels ou hypothétiques qui entrent dans cet énoncé ne doivent point embarrasser : rien n'empêche de transporter par la pensée le point mobile dans une position quelconque infiniment voisine de la sienne, sans tenir compte des obstacles que les points environnants ou d'autres forces que F, F'... peuvent opposer à ce mouvement purement idéal. Nous avons dit, d'ailleurs, au N.° 109, que l'on pouvait très bien considérer et que l'on considérait dans plus d'une circonstance, le travail d'une force pour le déplacement d'un point autre que celui sur lequel elle agit.

Soit maintenant un système d'un nombre quelconque de points ; posons, pour un mouvement virtuel et arbitraire de chacun d'eux, une équation comme la précédente, et ajoutons toutes ces équations ensemble, nous aurons, S ayant la signification de somme qui lui a été assignée au N° 120

$$S\,\mathcal{E}F = 0 .$$

Cette équation exprime, dans sa plus grande généralité, le principe ou le théorème des vitesses virtuelles ou travaux virtuels, consistant en ce que *Lorsque des forces sont en équilibre sur un système, la somme de leurs travaux pour des déplacemens virtuels infiniment petits quelconques des points où elles agissent, est nulle*.

Suppressions ou réunions des travaux virtuels des forces intérieures &c.

162. Comme les déplacemens virtuels peuvent être choisis arbitrairement pour les différens points, on peut les prendre tels que s'il y a des corps solides dans le système, les distances mutuelles des points appartenant à un même corps ne changent pas. De cette manière les travaux de leurs actions mutuelles, susceptibles d'être réunis deux à deux (N° 122) disparaîtront (N° 123). Si, parmi ces corps, il y en a qui s'appuient, soit sur d'autres corps solides du même système, soit sur des points d'attache, axes ou surfaces fixes hors du système, de manière à pouvoir tourner, glisser, rouler mutuellement entre ces corps, points, lignes ou surfaces, on peut choisir des déplacemens virtuels compatibles avec ces rotations, ces glissemens, ces roulemens, ainsi qu'avec la simple flexion des fils qui peuvent aussi faire partie du système. De cette manière on pourra faire, dans le premier membre $S\,\mathcal{E}F$ de l'équation des travaux virtuels les mêmes réunions et simplifications que nous avons dit pouvoir être faites dans le second membre, aussi désigné par $S\,\mathcal{E}F$, de l'équation des puissances vives et des travaux réels (N°s 124, 138 à 144, et 153) c'est à dire remplacer de nombreux travaux individuels d'actions intérieures et même extérieures moléculaires par des travaux de frottement, de raideur de cordes, de ressorts fléchis &c. et même les supprimer s'il y a des raisons de les supposer négligeables devant ceux des forces extérieures principales.

L'équation $S\,\mathcal{E}F = 0$ des vitesses virtuelles se réduira, ainsi, à un petit nombre de termes, et, *quelquefois même, à peu près aux seules forces extérieures, pour tous les mouvemens dits compatibles avec la constitution du système*, c'est à dire par tous les mouvemens qu'il pourrait prendre réellement sous l'influence d'autres forces extérieures du même ordre de grandeur que celles que l'on considère et n'occasionnant pas, dans les pièces qui le composent, de déformations propres à en altérer la contexture et à introduire des réactions intérieures d'une grande intensité dont le travail ne serait plus négligeable. (1)

Ainsi réduite, l'équation $S\,\mathcal{E}F = 0$ a la plus grande analogie avec celle $\mathcal{E}m - \mathcal{E}r - \mathcal{E}f = 0$ que nous avons posée au N.° 149 pour les machines. Elle en diffère cependant en ce que celle-ci est posée pour des mouvemens réels, et que celle-là a lieu aussi pour des mouvemens simplement possibles.

Conditions générales nécessaires pour l'équilibre de tout système.

163. Pour tous les systèmes, même non solides, il est possible de choisir des mouvemens virtuels tels que les forces intérieures, qui sont, en général, ce qu'il y a de moins connu, disparaissent de l'équation $S\,\mathcal{E}F = 0$.

Ce sont tous les mouvemens qui ne feront pas varier

(1.) Divers Géomètres, même du premier ordre, ont tenté de donner des démonstrations du principe général des vitesses virtuelles pour des systèmes de points dont les mouvemens sont liés par des conditions géométriques qui les font dépendre les uns des autres d'une manière quelconque, sans les poser, comme nous avons fait, pour tous les points des tiges, fils ou autres corps dont l'intermédiaire est toujours nécessaire pour opérer ces liaisons et dépendances qui sont, au reste, remplacées par des liens matériels hypothétiques pris par des actions mutuelles appelées **tensions**, dans le cours de toutes les démonstrations de ce genre.

Mais en supposant même qu'elles soient exemptes de suppositions ~~gratuites~~ ou d'assimilations données pour des preuves (ce qui parait inévitable quand on raisonne ainsi sur des abstractions) ces démonstrations ne dispensent pas, lorsqu'on veut appliquer à un système réel le principe une fois démontré, de discuter, comme nous venons de l'indiquer, quelles sont les actions moléculaires intérieures ou extérieures dont les travaux peuvent être négligés et quelles sont celles dont, au contraire, les travaux doivent être portés en ligne de compte comme capables d'influer notablement sur le résultat. De quelque manière que le principe ait été démontré, il faut l'appliquer à toutes les forces en jeu, sans en omettre aucune avant de s'être assuré qu'on puisse le faire sans erreur sensible ; et si, pour établir le principe on s'est servi par exemple, de la démonstration de Lagrange qui remplace les forces du système par des tractions de moufles, chaque petite attraction ou répulsion de molécule à molécule est censée avoir en sa moufle comme toute autre force. On n'est donc pas plus avancé lorsqu'on a démontré le principe de ces diverses manières que lorsqu'on a présenté, ainsi que nous avons fait, l'équation qu'il exprime comme n'étant qu'un résultat de l'addition des équations écrites pour chaque point en tenant compte de toutes les forces.

les distances mutuelles des points, car il en résultera (N.° 123) que la somme des travaux de chaque action et de sa réaction opposée sera nulle.

Deux espèces de mouvemens simples jouissent de cette propriété, les mouvemens de translation et les mouvemens de rotation (N.° 63, 64, 65). Pour ces mouvemens donc, l'équation des vitesses virtuelles pourra être posée entre les forces extérieures.

Or 1.° Pour un mouvement de translation qui fait parcourir (N.° 63) des petits espaces égaux et parallèles à tous les points le travail total des forces est égal au produit d'un de ces espaces élémentaires par la somme des projections des forces sur sa direction. Soient donc

F, F', F''.... les forces extérieures agissant sur un système,

F_x, F'_x, F''_x.... les projections de ces forces sur une droite unique Ox tirée arbitrairement et que nous supposons avoir la direction et le sens du mouvement virtuel de translation du système;

Nous aurons pour l'équation des vitesses virtuelles en divisant tous les termes par le petit espace parcouru :

$$F_x + F'_x + F''_x + \ldots\ldots = 0, \text{ ou } SF_x = 0.$$

2.° Pour un mouvement de rotation autour d'un axe fixe, le travail de chaque force est égal (N.° 129) à son moment autour du même axe multiplié par le déplacement angulaire, qui est le même pour tous les points. Si donc nous désignons par $M_x F$, $M_x F'$... les momens des forces extérieures F, F', autour d'un axe Ox, nous avons, pour l'équation des vitesses virtuelles, en divisant tous les termes par le déplacement angulaire :

$$M_x F + M_x F' + M_x F'' + \ldots = 0, \text{ ou } S\,M_x F = 0.$$

On voit ainsi que pour qu'un système quelconque, invariable ou variable, soit en équilibre, il est nécessaire 1.° Que la somme des projections, dans une même direction quelconque, de toutes les forces extérieures qui y agissent soit nulle; 2.° Que la somme des momens des mêmes forces autour d'un axe quelconque soit nulle aussi.

Autre Démonstration.

164. On pouvait arriver à ces deux théorèmes, sans passer par celui des vitesses virtuelles ni même par la considération des travaux des forces.

En effet 1°. Puisque les forces ont une résultante nulle sur chaque point du système, leur résultante géométrique générale est nulle aussi ; or en composant cette résultante générale, les forces intérieures disparaissent comme égales et opposées deux à deux. La résultante géométrique des seules forces extérieures est donc nulle, ce qui entraîne la nullité de la somme des projections de ces forces sur une droite quelconque ; = 2°. Puisque le moment autour d'un axe quelconque, d'une résultante de forces agissant au même point, est égal à la somme algébrique des moments des composantes, cette somme est nulle pour les forces agissant sur chaque point du système supposé en équilibre : elle est donc nulle pour toutes les forces du système. Or les moments de forces égales et <u>directement</u> opposées ont zéro pour somme (N.° 71, 129) : les forces intérieures disparaissent donc de la somme des moments comme de la somme des projections, et il reste la somme des moments des seules forces extérieures qui est nulle, comme l'on voit, autour de tout axe fixe.

Ce que nous disions des moments des forces autour d'un axe fixe peut se dire également de leurs moments autour d'un point fixe quelconque (N.° 68, 69). Les moments linéaires des forces intérieures disparaissent.

On voit, que <u>dans tout système en équilibre, la résultante géométrique générale des forces extérieures est nulle, ainsi que leur moment linéaire résultant autour de tout point de l'espace</u>.

Nous savons, au reste, que si, la première de ces deux conditions étant remplie, la seconde l'est par rapport à un point fixe particulier, elle l'est par cela seul par rapport à tout autre point fixe : car (N.° 73) lorsqu'une résultante géométrique de lignes est nulle, leur moment résultant est le même autour de tout point de l'espace.

Observons qu'en général une résultante géométrique de forces ou de droites quelconques ne dépend que de leurs grandeurs, directions et sens, tandis que leur moment résultant comme leurs moments individuels dépendent, en outre, de leurs <u>positions</u> ou des points de l'espace par lesquels elles passent. La résultante est la même en transportant les forces parallèlement à elles mêmes, mais ce transport change le moment résultant comme les moments individuels (N.os 68, 73).

Réduction, à six, des conditions nécessaires à tout équilibre.

165. Si les sommes de projection des forces extérieures sur trois axes rectangulaires sont nulles, leur résultante géométrique est nulle (N.os 37, 160); par conséquent leur somme de projections sur tout autre axe est nulle aussi. (N.° 8).

Si ces mêmes forces ont leurs sommes de moments nulles autour de trois axes rectangulaires tirés d'un même point fixe O, ce que nous avons appelé leur moment linéaire résultant autour de ce point est aussi nul, car ce moment est (N.° 71) une droite résultante des trois sommes dont nous parlons, portées sur les trois axes. Puisque la projection de ce même moment linéaire résultant sur une autre droite quelconque tirée de O n'est autre chose que la somme de moments autour de cette droite (N.° 71) on voit que la somme de moments est nulle autour de toute droite passant par le même point fixe O.

De plus, de ce qui a été démontré au N.° 73 « Que lorsque des forces ont une résultante géométrique nulle, leur moment linéaire résultant est le même autour de tous les points », on conclut de suite que la somme des moments de ces mêmes forces est la même autour de tous les axes parallèles entre eux, cette somme étant la projection, sur ces divers axes parallèles, d'une même droite, savoir le moment linéaire résultant que nous disons être constant en direction, comme en grandeur. Par conséquent, si la somme des moments de ces forces (ayant une résultante géométrique zéro) est nulle autour d'un axe quelconque, elle est nulle autour de tout axe parallèle à celui ci.

On a donc ce théorème :

Si des forces ont leurs sommes de projections nulles dans trois directions rectangulaires, elles ont leur somme de projections nulle dans toute autre direction. Si, cette première condition étant remplie, elles ont en outre, leurs sommes de moments nulles autour de trois axes rectangulaires concourans ou non concourans, la somme de leurs moments est aussi nulle autour d'un autre axe quelconque.

La condition générale (N.os 163, 164) de nullité de la somme des projections des forces extérieures sur toute direction, et de la somme de leurs momens autour de tout axe est donc complètement remplie si seulement elle a lieu pour trois directions ou trois axes à angle droit arbitrairement choisis.

C'est ce qu'on exprimera, comme au N.° 163, x, y, z étant les trois axes, par :

$$S F_x = 0, \quad S F_y = 0, \quad S F_z = 0$$
$$S M_x F = 0, \quad S M_y F = 0, \quad S M_z F = 0$$

Elles assurent la nullité du travail pour tout mouvement ne faisant pas changer les distances mutuelles.

166. Ces six conditions ou équations entre les forces extérieures agissant sur un système assurent la nullité du travail total des forces tant intérieures qu'extérieures pour tout mouvement virtuel de translation ou de rotation.

Elles l'assurent, par conséquent, pour tout mouvement virtuel, décomposable en une translation générale et une rotation autour d'un axe, car on a vu (N.° 113) que <u>le travail dû à un mouvement résultant est toujours somme de ceux dûs à ses composans</u>.

Or, on peut toujours décomposer les déplacemens élémentaires e, e', e'', e'''.... des divers points m, m', m'', m''' .... composant un système, en déplacemens E tous égaux et parallèles entre eux et faisant ainsi une <u>translation</u>, et déplacemens e_i, e'_i, e''_i, e'''_i.... dont le premier e_i sera nul si l'on a pris E = e et de même sens, en sorte que si tous les points conservent entre eux les mêmes distances, les déplacemens e'_i, e''_i, e'''_i.. des points m', m'', m'''... les feront tourner autour de m, et, par conséquent, pendant un temps infiniment petit, autour d'un axe (dit instantané, N.° 67) passant par m.

Tous les mouvemens virtuels des points pour lesquels les distances des points ne changent pas, sont donc décomposables en une translation et une rotation.

En sorte que <u>les six équations qu'on vient de poser assurent la nullité du travail total</u> pour toute espèce de mouvement hypothétique ou réel ne faisant pas varier les distances des points sur lesquels agissent les forces tant intérieures qu'extérieures produisant les travaux partiels.

Il suffira de poser ces équations, ou seulement une partie d'entre elles, pour résoudre un très grand nombre de problèmes sur l'équilibre des systèmes.

Mais elles ne sont jamais suffisantes pour assurer l'équilibre.

167. Les conditions qu'elles expriment sont nécessaires à tout équilibre : il ne saurait exister si elles ne sont remplies.

Maintenant sont-elles jamais suffisantes pour assurer l'équilibre d'aucun système ? autrement dit, y a-t-il quelques systèmes qui, supposés d'abord en repos, resteront en repos sous l'action de nouvelles forces extérieures par cela seul que ces forces ont entre elles les six relations ci-dessus ?

On peut répondre rigoureusement et sans réserve que non.

En effet, quelles que soient les relations entre des forces nouvelles que l'on vient à faire agir sur des points d'un système en repos, si elles ne se font pas mutuellement équilibre sur chaque point en particulier elles ne sauraient y être tenues en équilibre par les forces déjà agissantes puisque celles-ci avaient des résultantes nulles ; il y aura donc des accélérations prises par tous les points où l'on aura appliqué les nouvelles forces, et le repos ne persistera pas.

Ainsi lorsque deux forces égales et directement opposées, satisfaisant, par conséquent aux six équations du N° 164 viendront à être appliquées à deux points différens, elles troubleront le repos de tout système en repos dont ces deux points font partie ; elles produiront des rapprochemens ou écartemens moléculaires dans les corps réputés solides et les plus cohérens (Numéro 94), jusqu'à ce qu'il en résulte, dans les actions intérieures qui dépendent des distances des molécules, des changemens d'intensité qui les rendent capables de tenir ces forces extérieures en équilibre, ce qu'elles ne pouvaient faire avant les mouvemens produits.

168.

Elles suffisent cependant d'une manière approximative pour l'équilibre des corps que les forces appliquées déforment peu.

168. Mais on peut faire cette autre question : Lorsque les six conditions du N°. 165 sont remplies entre des forces extérieures, et lorsqu'on sait, en outre, que ces forces appliquées à un corps ne feront varier les distances mutuelles de ses points qu'excessivement peu et imperceptiblement, est-on assuré que ces forces et les forces intérieures que ces petits changemens de distance développent seront approximativement en équilibre sur chaque point ; c'est à dire que le corps, s'il est en repos, ne prendra que des mouvemens insensibles, et que s'il est en mouvement, il continuera de se mouvoir, à très peu de chose près, comme si les forces dont on parle n'y avaient pas été appliquées.

A cette question, essentiellement différente de celle du numéro précédent, on peut répondre affirmativement.

En effet, puisque les distances mutuelles des points ne varient qu'excessivement peu, le travail total, d'après ce qu'on a vu au numéro 165 sera extrêmement faible. La puissance vive acquise en vertu du travail des forces dont on parle, sera donc, aussi, excessivement faible, en sorte que les forces ne changeront que d'une manière insensible l'état, soit de repos, soit de mouvement.

On peut s'en convaincre d'une autre manière, sans invoquer le théorème des puissances vives.

D'abord, puisque les forces appliquées ont une résultante géométrique nulle, elles ne donneront aucun mouvement (N°s 81, 86) au centre de gravité du corps. Le corps, supposé en repos, ne pourra donc faire, à très peu près, que tourner autour d'un axe (N°. 67) passant par ce centre. Or, comme d'après ce qu'on a vu au numéro 157, l'accélération angulaire, c'est à dire l'acquisition de vitesse angulaire, rapportée à l'unité de temps, est, autour d'un axe fixe quelconque, égale à la somme des momens des forces divisée par le moment d'inertie du corps autour de cet axe, et comme nous supposons les forces telles que la somme de leurs momens soit nulle autour de tout axe (N°. 164) on voit que le mouvement de rotation dont nous parlons, ne pourra naître.

Le corps ne pourra donc prendre que des mouvemens extrêmement petits ; mouvemens qui ne seront, comme l'on voit, ni des translations (auxquelles participerait le centre de gravité que nous venons de dire, rester immobile) ni des rotations, et qui ne pourront être que des mouvements vibratoires imperceptibles. De pareils mouvements n'empêchent jamais de considérer un corps comme en repos, au moins dans la mécanique usuelle où l'on ne s'occupe nullement des phénomènes qui peuvent dépendre des petites vibrations.

Nous pouvons donc, sous la réserve faite au numéro 167, et avec la condition que les forces extérieures appliquées resteront dans les limites d'intensité passées lesquelles les corps solides éprouveraient des déformations sensibles ou même des ruptures, regarder les six conditions du N.° 165, comme suffisantes à assurer l'équilibre de ces sortes de corps, ce qui donne ce théorème:

Théorème. *Il suffit, à l'égard d'un corps solide, que les six conditions nécessaires à tout équilibre soient remplies, c'est à dire que les forces extérieures qui y agissent aient, dans trois directions, et autour de trois axes, des sommes de projections nulles et des sommes de moments nuls, pour que le corps supposé n'éprouver que des déformations insensibles de la part de ces forces, reste à très peu près, en équilibre sous leur action.* (1)

---

(1) On donne, dans les traités de Statique, diverses autres démonstrations de ce théorème, ou plutôt de celui de l'équilibre complet et exact qui devrait avoir lieu, à ce que l'on pense, si le corps sollicité par de pareilles forces, jouissait d'une invariabilité rigoureuse & absolue qui n'existe point dans la nature, et dont l'idée même ne paraît pas conciliable avec celle d'actions mutuelles variables avec les situations relatives des points, (N.° 74) mais indépendantes des autres forces qui peuvent agir, en même temps, sur les mêmes points.

On admet, pour cela, et comme une sorte de deuxième définition de ce corps idéal, que deux forces égales et directement opposées, appliquées sur deux quelconques de ses points, se détruisent ou se font équilibre au moyen de ce qu'on appelle la liaison des parties, c'est à dire par l'intermédiaire d'actions intérieures dont la grandeur variable se règle à chaque instant sur celle des actions extérieures; absolument de même que si les deux forces extérieures agissaient sur un seul & même point. En sorte qu'il ne reste plus à prouver qu'une proposition de pure géométrie, à savoir que des forces satisfaisant aux conditions d'une somme

Forces équivalentes, et Résultats statiques.

169. Ce théorème général suffit pour obtenir les conditions nécessaires et suffisantes de l'équilibre d'un corps solide dans tous les cas particuliers.

---

de projections nulle dans toute direction et d'une somme de momens nulle autour de tous axes sont toujours remplaçables sur chaque point, par d'autres forces qui prises deux à deux, en divers points sont égales et directement opposées, en sorte qu'elles se détruisent en vertu de la propriété supposée au corps, et que l'équilibre a lieu.

On prouve cette proposition de géométrie, (consistant, disons nous, dans la réductibilité des forces données à des forces réciproques) tantôt en introduisant, dans le système, des points fictifs que l'on suppose invariablement liés à ceux du corps solide ou aux points d'application des forces, tantôt en se contentant de raisonner sur ces seuls points donnés, sans en introduire de nouveaux.

La démonstration où l'on ne se sert pas de points fictifs, consiste à choisir arbitrairement trois quelconques m, m', m'' des points d'application des forces, et à décomposer celles qui agissent sur tous autres points m''', m^{IV} &c. en trois autres dirigées suivant les lignes de jonction aux premiers; puis à décomposer la résultante des forces agissant sur chacun des trois points choisis m, m', m'', en forces qui soient égales et opposées aux composantes que l'on vient d'obtenir, et en une autre que nous appellerons Q pour le point m, Q' pour celui m', Q'' pour le point m''. Une pareille décomposition est toujours possible, car la force Q, par exemple, s'obtiendra en prenant la résultante de celles qui agissent en m et des diverses composantes dirigées vers m, des forces agissant sur les divers points m''', m^{IV} &c. Puisque les forces données ont, par hypothèse, une somme de projections nulle dans toute direction et une somme de momens nulle autour de tous axes, il en sera de même des trois forces Q, Q', Q'', car les forces agissant sur les divers points m''', m^{IV}, ... ainsi que sur ceux m, m', m'', ont mêmes sommes de projections ou de momens que celles dans lesquelles on les a décomposées, et les paires de forces égales et directement contraires n'ont que des sommes de projections ou de momens nulles. Or, si l'on prend pour axe des momens la ligne $m'm''$, les momens des forces Q' et Q'' qui agissent sur des points m', m'' de cette ligne sont nuls; puis donc que la somme des momens de Q, Q' Q'' doit être nulle, le moment de Q doit être nul aussi, cela exige (N° 119) que la force Q soit dans un même plan avec cet axe, ou qu'elle agisse dans le plan du triangle $m\,m'\,m''$, en sorte que nous pouvons la décomposer en deux autres suivant les deux côtés $m\,m'$, $m\,m''$ adjacens à son point d'application m. Comme on peut en dire autant des deux autres forces Q', Q'', on voit que ces trois forces sont remplaçables par six autres, dirigées deux à deux suivant les trois lignes de

Mais on se sert communément pour cela, ainsi que pour diverses questions de mouvement de ces sortes de corps, de la considération de ce qu'on appelle les forces équivalentes ainsi que d'espèces de résultantes et de

---

jonction $m\,m'$, $m\,m''$, $m'\,m''$, et qui doivent avoir aussi leur somme de moments nulle autour de tout axe. Or si, maintenant, l'on prend pour axe une perpendiculaire au plan du triangle, menée par m, les moments des quatre forces dirigées suivant les lignes adjacentes $m\,m'$, $m\,m''$ sont nuls ; la somme des moments des deux forces dirigées suivant $m'\,m''$ doit donc être zéro aussi, ce qui exige que ces deux dernières forces soient égales et opposées. On peut en dire autant des forces dirigées suivant $m\,m'$ ou suivant $m\,m''$: les forces Q, Q', Q'' sont, ainsi, réduites à six forces égales et directement opposées deux à deux. On voit que les forces agissant sur le système donné, par cela seul que leur somme de composantes est nulle dans toute direction et leur somme de moments nulle autour de tout axe, ont pu être réduites à des forces égales et directement opposées, dirigées les unes suivant les lignes de jonction de leurs points d'application à trois d'entre eux pris au hasard, et les autres suivant les trois lignes de jonction de ceux-ci.

C'est la proposition qu'il fallait démontrer.

S'il n'y a que trois ou quatre points, cette réduction des forces données en forces réciproques ne peut être faite que d'une seule manière : s'il y a plus de quatre points elle peut avoir lieu d'une infinité de manières, car on peut commencer par opérer la décomposition des forces appliquées au 5e, au 6e, au 7e .... points suivant leurs lignes de jonction, non pas aux trois premiers seulement comme nous venons de faire, mais aux quatre premiers, ce qui est possible en choisissant l'une des quatre composantes tout à fait arbitrairement. On pourrait même décomposer d'abord, et arbitrairement, les forces appliquées à un point suivant ses lignes de jonction à tous les autres points du système, puis les forces d'un deuxième point suivant ses jonctions avec les autres hors le premier [?], ce qui donnerait une foule d'autres combinaisons de forces réciproques.

Les démonstrations où l'on ajoute, aux points réels du corps solide, des points fictifs, ordinairement placés sur les directions des forces, et sur lesquels on les transporte moyennant une addition de forces égales & opposées, peuvent être variées d'un grand nombre de manières.

Mais il faut convenir que ce mélange de fiction & de réalité est propre à laisser du doute sur la conclusion. La démonstration même que l'on vient de rapporter, où l'on ne raisonne que sur des points réels, ne me paraît pas propre non plus à bien établir le principe de la suffisance des six conditions nécessaires pour assurer l'équilibre au [illegible]

composantes de forces, dont nous n'avons pas encore parlé, et que nous appellerons résultantes et composantes *statiques* pour les distinguer des résultantes et composantes ordinaires ou géométriques de forces ou de lignes quelconques que nous avons définies dans le N.° 3 et dont on se sert bien plus souvent en dynamique.

Nous les définirons ainsi, en sorte que leur idée est tout à fait indépendante de ce qui vient du défaut de solidité absolue des corps.

---

approché des corps solides, car rien ne dit que ce que l'on démontre géométriquement devoir avoir lieu *exactement* dans l'hypothèse d'une invariabilité absolue (qui est comme nous avons dit, imaginaire et même en contradiction avec une loi avérée) aura lieu *approximativement* dans la réalité des choses. Rien ne dit, par exemple, que les forces réciproques par lesquelles on remplace les forces extérieures au moyen d'une série de décompositions, et que l'on accumule en quelque sorte sur trois points seulement, n'excéderont pas ce qu'un corps réel peut supporter en ces points sans que sa constitution s'altère ou sans qu'il éprouve des ruptures ou au moins de fortes flexions. On peut, même, avancer en toute assurance que ces forces égales et opposées, de quelque genre de démonstration qu'elles aient surgi, n'ont pas le moindre rapport avec les actions et réactions qui se développent réellement entre les points des corps solides, à la suite des déplacements moléculaires provoqués par l'action des forces extérieures.

Nous pensons donc qu'il convient mieux et qu'il est, du reste, plus conforme au point de vue de réalité physique où l'on sent la nécessité d'asseoir la science pour la rendre plus pratique, de prouver, comme nous avons fait dans le texte, les conditions ordinairement suffisantes de l'équilibre approché, en montrant simplement que des forces reconnues expérimentalement ne produire que de très petites déformations dans un corps ne pourront, si on satisfait à ces conditions, lui donner que des mouvements extrêmement petits, qui ne seront ni des translations ni même des rotations perceptibles, et que l'on pourra considérer à peu près toujours comme n'existant pas, ce qui suffit pour regarder pratiquement l'état de ce corps comme un état d'équilibre.

On peut même remarquer que, dans cette démonstration, on ne parle que de travaux dus à des petits mouvements réellement pris, sans considérer des mouvements virtuels ou hypothétiques, dont il conviendrait peut être, en général, de tâcher de se passer.

Définition. On appelle forces statiquement équivalentes à d'autres forces, des forces appliquées soit aux mêmes points soit à d'autres points que celles ci, et ayant même somme de projections dans toute direction et même somme de moments autour de tout axe.

Lorsqu'une seule force est équivalente à plusieurs autres, on l'appelle leur résultante statique et celles ci sont ses composantes aussi statiques.

Il suit de cette définition que des groupes de forces statiquement équivalentes peuvent se remplacer mutuellement pour l'équilibre d'un corps solide (équilibre approximatif bien entendu, tel que nous l'avons considéré au numéro précédent).

En effet, comme le remplacement de l'un des groupes de forces par l'autre ne change rien, ni à la somme des projections dans une direction quelconque ni à la somme des moments autour d'un axe quelconque ; si ces sommes étaient nulles lorsque le premier groupe était appliqué avec d'autres forces, elles seront encore nulles avec celles ci et le deuxième groupe, et l'équilibre aura lieu dans le second cas comme dans le premier.

Des forces équivalentes peuvent aussi se remplacer mutuellement pour le mouvement d'un corps solide (toujours lorsqu'on néglige les petits mouvemens de rapprochement ou écartement moléculaires qui doivent être différens selon la grandeur des forces extérieures auxquelles ils sont dus). En effet, si des forces F tiennent en équilibre des points sollicités par d'autres forces P, c'est parceque leur application produit sur ces points (soit immédiatement, soit au moyen des actions moléculaires développées par les petits changemens de distance) des composantes d'accélération qui détruisent celles dues aux forces P. Si des forces F_1 amènent à cet égard le même résultat que celles F, ce ne peut être que parceque leur application produit sur les mêmes points les mêmes composantes d'accélération. Or c'est à de pareilles composantes qu'est dû le mouvement comme l'équilibre.

Donc les forces F_1 équivalentes à F, ou capables de les remplacer pour produire l'équilibre, peuvent aussi les remplacer pour le mouvement (1)

Autres propriétés des systèmes équivalens. Compositions et Décompositions.

170. On n'a pas besoin de démontrer, parceque cela résulte trop évidemment de ce qu'on a vu aux numéros 165 et 166, 1° Qu'il suffit, pour que des forces F_1 soient équivalentes aux forces F, que leurs sommes de projections soient égales dans trois directions; et que leurs sommes de momens soient les mêmes autour de trois axes rectangulaires, choisis arbitrairement; 2° que deux systèmes de forces équivalentes donnent le même travail total pour tous les mouvemens virtuels qui ne changent pas les distances mutuelles des points du corps solide.

D'où il suit, (toujours pour des mouvemens compatibles avec la solidité ou l'invariabilité) que le travail d'une résultante

---

(1) Je préfère ce raisonnement à celui que l'on fait quelquefois et qui consiste à dire que rien ne sera changé au mouvement d'un système sollicité par des forces F et des forces P quelconques si l'on applique, à ses divers points, des forces φ et d'autres opposées $-\varphi$, en désignant par φ les forces auxquelles seraient dus les mouvemens réels de chaque point supposé libre (ou en appelant, si l'on veut, $-\varphi$ les forces d'inertie); mais que les forces F, P, et $-\varphi$ se font nécessairement équilibre puisque le système se meut comme avec les seules forces φ; que, par conséquent, celles F_1 étant équivalentes à celles F, les forces F_1, P et φ se feront équilibre aussi; d'où il suit que, en substituant les forces F_1 à leurs équivalentes F, les mouvemens seront, comme auparavant, ceux dus aux forces φ. Je crois qu'aujourd'hui, où l'on étudie le mouvement en même temps que l'équilibre, et même avant, il n'est plus nécessaire d'introduire ainsi des forces qui se détruisent et d'établir sans cesse, avec D'Alembert, des équilibres fictifs, dans la vue de résoudre des problèmes de mouvement, comme il pouvait être utile de le faire lorsqu'il n'y avait encore de bien connu que les solutions de problèmes d'équilibre.

Au reste la possibilité du remplacement, pour le mouvement d'un corps solide, de certaines forces F par d'autres F_1 qui ont en tout des mêmes sommes de projections et de momens, peut se démontrer d'une manière tout à fait directe sans montrer d'abord que ces forces peuvent se remplacer dans le cas particulier de l'équilibre, en observant 1° Que le mouvement du centre de gravité du corps ne dépend que des sommes des projections, d'où il

statique est égal à la somme des travaux de ses composantes; en sorte que les résultantes & les composantes statiques peuvent se remplacer mutuellement pour les quantités de travail, comme pour les effets d'équilibre ou de mouvement des corps solides.

Composer statiquement ensemble plusieurs forces, c'est les remplacer par leur résultante quand elles en ont une; décomposer une force, c'est la remplacer par d'autres dont elle soit la résultante statique (1)

Leur usage étendu aux problèmes sur des systèmes variables.

171. Comme les conditions que nous disons être à la fois nécessaires & suffisantes pour l'équilibre des solides sont toujours nécessaires à l'équilibre de systèmes quelconques (Nos. 163 à 166), on est souvent dans le cas de les poser pour l'équilibre des systèmes variables tels que les corps flexibles, ou les assemblages à articulation comme sont les voutes, les charpentes, les chaines de suspension &c.

Il peut donc être commode, dans ces sortes de problèmes, de considérer encore des résultantes statiques et des forces équivalentes, mais uniquement pour abréger l'expression, et en ne regardant nullement ces forces comme substituables les unes aux autres sur des systèmes variables.

---

soit qu'il est le même avec les forces F_1 qu'avec les forces F. 2°. Que les mouvemens des points se composent à chaque instant d'un mouvement commun de translation égal à celui du centre de gravité, et d'un mouvement de rotation autour de ce centre réduit au repos; et que ce mouvement ne dépend que des sommes de momens autour d'axes passant par le même centre; en sorte que si les forces F_1 donnent ces sommes les mêmes que les forces F, elles peuvent (toujours sous la réserve relative aux mouvemens imperceptibles & négligeables) remplacer complètement celles-ci.

(1) Nous donnons cette épithète à ces espèces de résultantes parcequ'elles servent surtout dans les questions de statique.

Nous ne sommes pas, au reste, le premier qui appelions *résultante* pure & simple ou sans épithète la ligne que l'on obtient par la composition géométrique de plusieurs autres lignes (espaces, vitesses, accélérations, forces ou autres droites quelconques ayant grandeur, direction & sens) transportées parallellement à elles mêmes de manière à former un contour polygonal. Cette dénomination a été depuis plus de vingt ans, introduite avec utilité & succès hors même du domaine de la mécanique, savoir dans l'étude élémentaire de la géométrie analytique. Elle évite une foule de périphrases dont il faut faire usage si on ne l'adopte pas ou si on ne lui substitue pas avec M. Moebius & d'autres auteurs, celle de *somme géométrique* (N°. 6, note).

Observons même, à ce sujet, que si un système flexible (tel qu'une barre mince employée comme levier) après avoir changé plus ou moins de forme, conserve désormais sa forme nouvelle sans qu'il se produise de nouvelle flexion ou de nouveaux changements sensibles dans les distances mutuelles de ses points, on n'est pas autorisé pour cela à dire que les théorèmes relatifs aux corps sensiblement rigides lui deviennent dès lors applicables et que, par exemple, les mêmes effets d'équilibre ou de mouvement y auront lieu si on remplace les forces qui y agissent par d'autres statiquement équivalentes, ou si l'on y supprime des forces satisfaisant aux six conditions d'équilibre du N° 165 &c. En effet, il résulterait de ces substitutions ou suppressions que le corps prendrait des flexions plus grandes ou moindres et que l'équilibre serait troublé. On peut dire la même chose si deux forces agissent en sens opposé aux extrémités d'un fil élastique qui a cessé de s'allonger : on ne peut ni supprimer ces deux forces ni les remplacer par d'autres sans que l'allongement change et que l'équilibre cesse. *L'équilibre* ou *l'équivalence* entre forces extérieures agissant sur des points différents, ne doivent donc jamais être entendus dans leur acception propre que pour des corps sensiblement rigides ou inextensibles.

Cas particuliers. Deux forces.

172. Nous allons appliquer le théorème général (N° 168) de l'équilibre d'un corps solide à quelques cas utiles à connaître. Par cela seul nous donnerons des cas de composition ou d'équivalence statique de forces. Par cela seul aussi, nous aurons donné pour divers cas particuliers, les conditions nécessaires de l'équilibre de toute espèce de système (N° 163).

Répétons que l'équilibre des forces exige la nullité de la somme de leurs projections sur toute direction et la nullité de la somme de leurs moments autour de tout axe, choisi où l'on veut.

Soit donc d'abord un corps sollicité par deux forces seulement, F et F'.

La nullité de la somme de leurs projections sur la direction de l'une d'elles exige *qu'elles soient égales*, *de même direction* (c'est à dire au moins *parallèles*) *et de sens opposés*.

La nullité de la somme des moments autour d'un axe mené

par un point de celle F perpendiculairement à leur plan, exige que la force F' passe par ce point ; en sorte que sa direction doit se confondre avec la direction de F.

La condition d'équilibre de deux forces extérieures est donc qu'elles soient égales et directement opposées, absolument comme si elles agissaient sur un point unique au lieu d'agir sur des points différents.

On pouvait tirer ce théorème de l'expérience. Mais, de ce qu'il se conçoit facilement, on n'était pas en droit d'inférer qu'il doit nécessairement avoir lieu, car ce qui semble n'est pas toujours, et l'on doit d'ailleurs considérer que cet équilibre de deux forces égales agissant en sens opposé dans le prolongement l'une de l'autre, ne s'opère, sur deux points différens d'un corps solide, que par l'intermédiaire d'une multitude d'actions et de réactions moléculaires. Si l'on veut le démontrer directement sans le tirer comme cas particulier du théorème général cité, il faut toujours faire mention de ces forces intérieures, qui s'équilibrent, soit entre elles, soit avec les deux forces extérieures sur chaque point du corps en particulier, et qui disparaissent quand on fait la somme générale, soit des projections sur une même direction, soit des momens autour d'un même axe, soit des travaux virtuels pour des translations ou des rotations.

Même dans le cas simple où le système ne serait composé que de deux points, savoir les points d'application m, m' des deux forces F, F', il faut s'appuyer sur ce que l'action de m' sur m est dirigée suivant m'm et égale et opposée à l'action de m sur m' pour prouver que les forces F et F', dont chacune est égale et opposée à celle de ces deux actions intérieures, agissant au même point, sont égales et directement opposées l'une à l'autre.

N'oublions pas d'ailleurs que si cette égalité et cette opposition directe de deux forces est nécessaire à leur équilibre sur tout système, elle n'y suffit nullement sur tout autre système qu'un solide rigide ou un fil inextensible.

onséquences. — rce égale opposée ne résultante. — ransport d'une ce en un point elconque de sa direction.

173. Comme une résultante peut toujours être équilibrée par une force égale et opposée et comme elle peut remplacer ses composantes par l'équilibre, on voit qu'il y a toujours équilibre sur un corps solide, entre des forces et une force égale et directement opposée à leur résultante statique si elles en ont une.

Plus généralement il y a toujours équilibre entre des forces directes égales et directement opposées à leurs équivalentes.

Réciproquement lorsque des forces sont en équilibre statique, une force égale et directement opposée à l'une d'elles est la résultante statique des autres, et plus généralement un groupe quelconque d'entre ces forces est équivalent au groupe formé par des forces égales et directement opposées aux autres.

On voit aussi que toute force est équivalente à une force égale, agissant dans le même sens, suivant la même ligne.

C'est ce qu'on exprime en disant que toute force peut être transportée à volonté sur un point quelconque de sa direction. Cela n'est toujours permis que dans les systèmes invariables.

Trois forces non parallèles.

174. Supposons maintenant le corps solide soumis à trois forces extérieures F, F', F''. Soient m, m', m'' les points où elles agissent sur d'autres points quelconques de leurs directions, ne se trouvant pas sur une même ligne droite.

Prenons pour axe des momens la droite $m\,m'$: ceux de $F\,F'$ seront nuls ; celui de F'' devra par conséquent être nul aussi ; ce qui exige que F'' rencontre $m\,m'$, ou qu'elle agisse dans le plan $m\,m'\,m''$. Comme la même chose peut être dite des deux autres forces F, F', on voit que :

1°. Trois forces en équilibre statique doivent être dans un même plan.

Supposons que ces trois forces ne soient pas parallèles. Soit A le point de rencontre de deux d'entre elles F, F'. La troisième F'' devra passer à ce même point A car, sans cela, en prenant pour axe des momens une perpendiculaire au plan des forces menée par A, le moment de F'', et par conséquent la somme des trois momens, ne saurait être zéro.

Donc :

2° Trois forces en équilibre statique, non parallèles, doivent concourir au même point.

La nullité de la somme algébrique de leurs trois projections sur la direction de l'une d'elles ou, ce qui revient au même, l'égalité et l'opposition de celle-ci à la somme des projections des deux autres exige enfin ceci :

3° Chacune des trois forces est égale et opposée à la résultante géométrique des deux autres, ou à la diagonale du parallélogramme construit sur elles, ce qui était d'ailleurs évident d'après la remarque du N° précédent.

On conclut de là que Pour que deux forces aient une résultante statique, elles doivent être dans un même plan, et par conséquent se rencontrer si elles ne sont pas parallèles. Leur résultante est la même que si elles agissaient sur leur point de concours.

Il ne serait pas bien difficile de prouver, en supposant le système réduit aux trois points m, m', m'', auquel cas chacune d'elles, F par exemple, devrait, pour l'équilibre de son point d'application m, être résultante des actions de m' et de m'' sur m, lesquelles sont égales et opposées aux actions de m sur m' et m'', de prouver, dis-je, géométriquement et directement, sans invoquer tout ce qui précède, que les trois forces doivent concourir au même point. Nous croyons inutile de donner ici cette démonstration, bien que plus élémentaire, car elle est relative à un cas tout à fait idéal.

Il n'existe dans la nature, que des systèmes d'une multitude innombrable de points matériels.

Trois forces parallèles.

175. Si deux des trois forces en équilibre statique sont parallèles on voit, d'après ce qui a été dit au N° précédent, que la troisième doit se trouver dans leur plan, et, de plus, qu'elle doit leur être parallèle, car si elle rencontrait l'une des deux en un point, l'autre devrait la rencontrer aussi, et au même point, ensorte qu'elle ne lui serait pas parallèle.

Soient donc P, Q, R ces trois forces parallelles.

La nullité de la somme algébrique de leurs projections sur une droite parallelle à toutes trois exige que l'une des trois, R par exemple, agisse dans un sens opposé aux deux autres, et soit égale à leur somme; ensorte qu'on doit avoir :

$$R = P + Q.$$

La nullité de la somme algébrique des momens par rapport à une perpendiculaire à leur plan, menée par un point C de celle R, exige qu'en représentant par p, q les perpendiculaires CA, CB. abaissées de ce point C sur les directions de P et Q l'on ait $Pp - Qq = 0$, puisque ces deux forces tendent à faire tourner en sens opposé autour de l'axe C. Donc :

$$Pp = Qq.$$

Ces deux équations donnent celle

$$P(p+q) = Rq.$$

qu'on auroit pu obtenir directement en prenant l'axe des momens en B au lieu de le prendre en C.

Si l'on appelle R' une force égale et directement opposée à R elle sera la résultante de P et de Q; si l'on appelle Q' une force égale et directement opposée à Q, elle sera la résultante de P et de R (N.° 173.) : Donc :

Théorème. La résultante statique de deux forces parallelles leur est parallelle et est située par rapport à elles, dans leur plan, à des distances qui leur sont réciproquement proportionnelles. Si les deux composantes ont le même sens, la résultante est placée entre elles; elle a le même sens et est égale à leur somme. Si les deux composantes ont des sens opposés, elle est hors de leur intervalle du côté de la plus grande dont elle a le sens, elle est égale à leur différence.

Par la raison qu'on a dite à la fin du N.° précédent, on ne s'arrêtera pas à démontrer ce théorème d'une manière directe et élémentaire, pour le cas où le système ne serait composé que des trois points, tels que A', B', C', sur lesquels agissent les trois forces parallelles P, Q, R.

On voit au reste que la résultante de deux forces

de mêmes sens partagé en parties réciproquement proportionnelles à ces forces, non seulement une perpendiculaire commune telle que ACB, mais encore toute oblique qui les rencontre, telle que A'CB'.

Couple.

176. Deux forces F, F' égales parallèles et de sens opposés forment ce qu'on appelle un couple.

Il est aisé de voir que la somme algébrique des momens des deux forces qui composent un couple, est la même par rapport à tout axe perpendiculaire à leur plan, et est égal au produit de l'une des deux forces par leur distance.

En effet, autour d'un axe se projetant en un point quelconque C ou D, sur le plan des deux forces $F = F'$, le moment, si l'on abaisse de ce point sur les forces une perpendiculaire commune qui les rencontre en A, A', est $F \times AD - F \times A'D$ pour le point D situé hors de leur intervalle et est $F \times AC + F \times A'C$ pour le point C situé entre elles deux. Or ces sommes sont bien l'une et l'autre égales à

$$F \times AA'$$

comme nous l'avons avancé.

Ce produit est ce qu'on appelle le moment du couple.

Il suit de là que deux forces formant un couple ne sauraient, ni être tenues en équilibre par aucune autre force, ni avoir une résultante statique. Car en prenant pour axe des momens une perpendiculaire au plan du couple, passant par un point de cette troisième force ou de cette résultante, le moment de celle-ci serait nul, et le moment du couple devrait par conséquent être nul aussi, ce que nous venons de voir être impossible.

Mais un couple a pour équivalent tout autre couple de même moment, situé ou dans son plan, ou dans tout autre plan parallèle. En effet les résultantes géométriques des deux forces qui composent chacun de ces deux couples sont les mêmes puisqu'elles sont nulles, et leurs sommes de momens sont les mêmes par rapport à trois axes savoir 1° un axe perpendiculaire à leurs plans par hypothèse. 2° deux axes quelconques parallèles à ces plans, car, autour de pareils axes, les momens des deux forces formant un même couple sont évidemment égaux et de sens opposé ensorte que la somme algébrique de ces momens est zéro, pour un couple comme pour l'autre.

Il faut, bien entendu, que le second couple tende à faire tourner, dans le même sens que le premier, le corps auquel on les suppose successivement appliqués l'un et l'autre. S'il tendait à le faire tourner en sens contraire, au lieu d'être équivalent au premier il le tiendrait en équilibre.

Composition des couples.

177. D'après ce que nous avons dit au § 4.e du chap.e 3.e, (N.os 70, 71.) des momens autour des points fixes, on voit que le moment d'un couple est le moment linéaire résultant de ses deux forces autour de tout point de l'espace. En effet ce moment linéaire a pour projections (N.o 71.) sur trois axes rectangulaires dont deux pris parallèlement et le troisième perpendiculairement au plan du couple, les sommes de momens des deux forces autour de ces mêmes axes, c'est à dire 1.o zéro, 2.o zéro. 3.o le moment du couple. Ce moment est donc bien le moment résultant des deux forces autour du point. C'est, au reste, ce qu'on pouvait déduire aussi de ce qui a été démontré au N.o 73, savoir de la constance du moment résultant de droites égales et opposées, autour de tout point de l'espace.

Il suit de là que si l'on a un nombre quelconque de couples, on peut les composer en un seul; c'est à dire trouver un couple unique qui leur soit équivalent, comme on compose ensemble des momens linéaires de droites autour d'un même point. On n'a qu'à élever, sur le plan de chacun de ces couples composans, une perpendiculaire d'une longueur numériquement égale à son moment. La résultante géométrique de toutes ces lignes (obtenue, soit par le polygone du N.o 3, soit par des projections sur trois axes, N.o 39) sera une ligne perpendiculaire au plan du couple résultant: et il aura un moment représenté par la grandeur de cette même ligne; ensorte que si l'on prend pour ses deux forces l'unité de force, leur distance sera cette même ligne; ou bien cette ligne sera la grandeur de chacune des deux forces si l'on prend leur distance = 1.

Forces parallèles en nombre quelconque.

178. Si l'on a un nombre quelconque de forces parallèles, et si elles ont une résultante statique cette résultante leur sera parallèle aussi, et sera égale a leur somme algébrique. Car c'est la condition pour que la projection de la résultante, soit sur une parallèle soit sur une ligne perpendiculaire a ces forces ait une grandeur égale à la somme algébrique de leurs projections sur la même ligne.

De plus, la distance de la résultante, à un plan quelconque parallèle aux forces, sera une moyenne entre les distances composantes; moyenne obtenue, bien entendu, par règle d'alliage ou du prix moyen, c'est à dire en ajoutant algébriquement ensemble les produits (positifs ou négatifs) de chaque force par sa distance, et en divisant le tout par la somme algébrique des forces. Car ces produits, ou, comme on dit, ces momens de forces par rappor au plan ne seront autre chose que les momens des forces par rapp à tout axe tracé sur le plan, dans une direction perpendiculaire aux forces; et le produit de la somme algébrique des forces c'est à dire (comme nous venons de voir) de leur résultante par la distance de cette résultante au plan est son moment par rapport au même axe.

En sorte que le moment de la résultante par rapport à un plan parallèle aux forces est égal à la somme algébriq des momens des composantes par rapport au même plan, par cel seul que le moment de la résultante autour de tout axe doit être la somme des momens des composantes (1)

---

(1) C'est à dessein que nous ne parlons pas ici des momens des forces par rapport à un plan qui ne leur serait pas parallèle, momens que l'on a coutume d'évaluer par le produit de la force et de la distance de son point d'application au plan. Le moment de la résultante n'est égal, avec cette définition, à la somme des momens des composantes, qu'autant que l'on donne à la résultante un point d'application déterminé, point qui doit être, dans le cas de deux forces, sur la ligne de jonction des points d'application de celles-ci. Cela parait contraire à l'idée des résultantes statiques que l'on regarde comme susceptibles d'être appliquées, ainsi que leurs composantes, à tout point de leur direction: Et cela est peu ou point utile, pour l'établissement du centre de gravité d'une manière statique.

En déterminant, ainsi, la distance de la résultante à deux plans parallèles aux forces, mais rectangulaires entre eux, on aura la position de la droite suivant laquelle cette résultante agit.

Si la somme algébrique des forces est nulle, elles se font équilibre, ou bien elles n'ont pas une équivalente unique. Elles se font équilibre si la somme de leurs momens par rapport au plan est aussi nulle. Elles n'ont pas d'équivalente unique ou de résultante si cette somme n'est pas zéro: alors elles sont réductibles à un couple équivalent, que l'on obtient en prenant la résultante des forces qui agissent dans un sens et la résultante, nécessairement égale, des forces qui agissent dans l'autre sens. On peut également obtenir ce couple en composant ensemble (N.° précédent) deux couples dont les momens soient les sommes des momens des forces par rapport aux deux plans rectangulaires dont nous venons de parler, en supposant parallèle au second plan le couple dont le moment est pris par rapport au premier et réciproquement.

Propriété statique du centre de gravité. — Sa détermination expérimentale. — Équilibre d'un corps posé sur un plan horizontal.

179. Les poids des particules dont se compose un corps ou un système terrestre quelconque, sont des forces toutes verticales et par conséquent parallèles entre elles. La distance de leur résultante statique à un plan vertical quelconque, est donc égale à la somme des produits des poids des particules par leurs distances au même plan, divisée par la somme des poids. Comme on peut prendre les particules toutes de même poids ou de même masse en les subdivisant convenablement, et les réduire même à ces élémens égaux dont on a dit (N.° 78) que l'on pouvait regarder tous les corps comme composés sous le rapport de leurs propriétés mécaniques, on voit (N.° 59) que cette distance de la résultante n'est autre chose que celle du centre de gravité.

Donc la résultante statique des actions de la pesanteur sur les parties d'un système matériel quelconque passe par le centre de gravité de ce système.

Si l'on tient suspendu par un fil, un corps ou un

ensembles de corps (variable ou invariable n'importe) les conditions d nullité de sommes de momens, *nécessaires* pour l'équilibre de tout système, exigent que la résultante statique des actions d la pesanteur sur ce corps ou système soit égale et directeme opposée à la force de traction exercée par le fil. D'un autre côté, l'équilibre du fil exige (N° 172) que les deux forces exe à ses deux extrémités supérieure et inférieure soient égales et directement opposées, ou qu'elles agissent suivant la lign de jonction de ces extrémités, c'est à dire dans la ligne du f qui est supposé très délié. *Donc cette ligne du fil est vertic et passe par le centre de gravité du système.*

On peut, en conséquence, déterminer expérimentalem le centre de gravité d'un corps en le suspendant successivem par deux de ses points, et en déterminant l'intersection des prolongemens, dans ce corps, des lignes qui sont affectées par le fil de suspension lorsque le corps est en repos.

On voit aussi que lorsqu'un corps pesant est po par plusieurs de ses points sur un plan horizontal solide peu susceptible de compression, il ne peut être tenu en équilibre par les réactions du plan sur le corps, qu'autant que la résultante statique de ces réactions verticales est égale et directement opposée au poids du corps, appliqué à son centr de gravité. Il est donc nécessaire pour que le corps se tien que la verticale abaissée de son centre de gravité tombe dan l'intérieur de sa *surface d'empattement*, c'est à dire de la surface plane terminée par la ligne polygonale formée par la joncti des points par lesquels le corps pose sur le plan; car quelle que soit la distribution des réactions, leur résultante verticale passe nécessairement à l'intérieur de cette surface, en vertu du théorème (N° 178) qui donne la distance de la résultante à tout plan parallèle aux composantes. Si la verticale du centre de gravité tombe au dehors, le corps tournera autour d'un des côtés du polygone et chavirera.

180.

Forces dirigées dans un même plan.

180. Lorsque les forces dont on veut avoir ou la résultante statique si elles en ont une, ou les conditions particulières d'équilibre ou d'équivalence, sont toutes dirigées dans un même plan, elles ont des sommes de momens nulles autour de deux axes quelconques Ox, Oy tracés dans ce plan : il ne reste donc à considérer que leurs momens par rapport à un axe perpendiculaire Oz, ou, ce qui revient au même, autour du point O, choisi arbitrairement sur ce plan.

Soient $\mathfrak{M}$ la somme algébrique de ces momens, et R la résultante géométrique des forces.

Si l'on a à la fois $R=0$ et $\mathfrak{M}=0$, les forces sont en équilibre.

Si R est nul, et non $\mathfrak{M}$, les forces ne sont pas en équilibre et n'ont pas de résultante, mais elles sont réductibles à un couple équivalent, que l'on peut placer où l'on veut dans le plan des forces pourvu que son moment soit $\mathfrak{M}$.

Si, enfin, ni R ni $\mathfrak{M}$ ne sont nuls, les forces ont une résultante statique ayant la grandeur et la direction de leur résultante géométrique R, avec une situation telle, sur le plan, que son moment autour du point fixe O soit $\mathfrak{M}$, ensorte que si r est la distance où elle passe de ce point on doit avoir $Rr=\mathfrak{M}$ d'où.

$$r = \frac{\mathfrak{M}}{R}.$$

On peut obtenir la résultante géométrique R, soit en composant ensemble les forces données au moyen du contour polygonal du N° 3, soit en prenant les sommes SFx, SFy des projections des forces sur deux axes rectangulaires Ox, Oy tracés sur le plan, ce qui donne les deux projections de R ensorte que l'on a :

$$R=\sqrt{(SFx)^2+(SFy)^2}.$$

Quant à $\mathfrak{M}$ on peut l'obtenir en mesurant la distance où chaque force F passe du point O et faisant la somme algébrique des produits des forces par ces distances; mais on l'obtiendra souvent plus simplement en prenant les sommes de momens des composantes F_x, F_y de chaque force F. On voit par la figure ci contre, que si x, y, sont les coordonnées OP, OQ du point d'application M de la force F, ou de tout autre point de sa direction, le moment de F_x autour de O, est $F_x y$, et que le moment de F_y est $-F_y x$, parceque F_y tend à faire tourner le plan, autour de O, dans un sens opposé à F_x. L'ensemble de ces deux momens, ou, ce qui est la même chose, le moment de la force F, est :

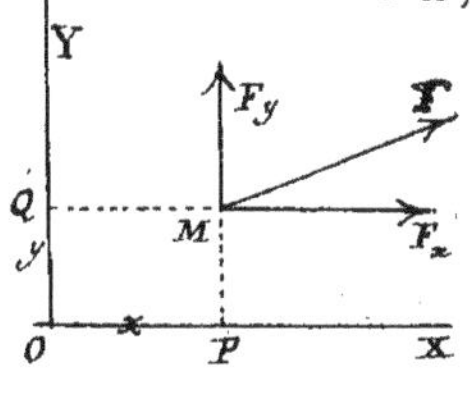

$$y F_x - x F_y.$$

En faisant des sommes de binomes analogues on a, pour le moment total $\mathfrak{M}$:

$$\mathfrak{M} = S(y F_x - x F_y).$$

Forces dirigées d'une manière quelconque dans l'espace.

181. Soient maintenant des forces F, F'... en nombre quelconque, dirigées d'une manière quelconque dans l'espace.

Soit R leur résultante géométrique générale ; et soit $\mathfrak{M}$ leur moment linéaire résultant (§ 4 du chap. 3) autour d'un point fixe O choisi arbitrairement, c'est-à-dire soit $\mathfrak{M}$ (N° 70) la résultante géométrique de lignes élevées perpendiculairement aux plans passant par O et par chaque force F, et numériquement égales aux produits de ces forces par leurs distances au point O.

Il est facile de voir que les forces F, F'.... sont équivalentes à une force ayant la grandeur et la direction de R, passant par le même point choisi O, et à un couple perpendiculaire à $\mathfrak{M}$, ayant un moment numériquement égal à la grandeur de cette ligne $\mathfrak{M}$. En effet appelons Q, −Q, les deux forces de ce couple : ces forces ayant une résultante nulle, la résultante géométrique des trois forces R, Q, −Q est bien la même que celle des forces données ; et, comme la force R, tirée par le point O, a un moment nul, le moment résultant des trois forces R, Q, −Q est bien $\mathfrak{M}$ comme celui des forces données F.

La résultante géométrique R peut s'obtenir en construisant un polygone (N° 3) avec les forces données ; mais il est plus simple de la déterminer par ses projections sur trois axes rectangulaires Ox, Oy, Oz. ces projections sont

$$SF_x, \; SF_y, \; SF_z.$$

Le moment résultant Mo peut aussi s'obtenir par un contour polygonal; mais on peut, comme pour R, le déterminer par ses trois projections sur les axes. On les a désignées, au No. 165, par SMo_x, SMo_y, SMo_z. Il est facile de voir en raisonnant comme au No. précédent, qu'en désignant par x, y, z, les coordonnées d'un point de la direction de la force F, x', y', z', celles d'un point de la direction de F' &c on a: $SMo_x = S(zF_y - yF_z)$; $SMo_y = S(xF_z - zF_x)$, $SMo_z = S(yF_x - xF_z)$. Construisant la diagonale du parallellepipède formé sur ces trois quantités, portées sur les axes à partir de l'origine O, l'on obtient le moment linéaire résultant Mo; ou une droite perpendiculaire au plan du <u>couple résultant</u> $Q, -Q$, et numériquement égale au moment de ce couple.

Situation à donner à la résultante géométrique pour que le couple résultant lui soit perpendiculaire.

182. Si l'on projette la ligne M sur la ligne R et sur un plan perpendiculaire à celle-ci, ~~et~~ si M' et M'' sont les deux projections, on peut remplacer <u>ce couple résultant</u> dont le moment est M, par deux couples ayant des momens Mo' et Mo'', et agissant dans des plans respectivement perpendiculaires à ces deux droites, c'est à dire 1° dans un plan perpendiculaire à R, 2° dans un plan passant par R.

L'ensemble de la force R et des quatre forces de ces deux couples forme un système équivalent à celui de R et du couple Mo, et, par conséquent, équivalent au système des forces données F. Or prenons les momens de ces cinq forces autour d'un nouveau point fixe O_1 placé dans le plan du couple Mo'' et de la force R, à une distance <u>a</u> de R telle que le moment <u>Ra</u> de cette force autour de O_1 soit égal et de sens contraire au moment Mo''. Comme nos deux couples ont toujours les momens Mo' et M'' autour du nouveau centre O_1 comme autour de tout point de l'espace (No. 176) le moment M'' sera détruit par le moment <u>Ra</u>, et il ne restera plus que le moment M'.

Le système des forces F, F'... se trouve, ainsi, remplacé par leur résultante géométrique R tirée du nouveau point fixe O_1, et par un couple ayant **un moment $\mathfrak{M}'$ et agissant dans un plan perpendic.re** **à R**, ou tendant à faire tourner le corps autour de cette résultante.

La résultante R ainsi placée s'appelle l'axe central des momens. On voit que l'on obtient un point O_1 qui détermine sa position, en menant, par un premier point O choisi arbitrairement, une droite perpendiculaire à la fois aux directions de la résultante R et du moment linéaire résultant $\mathfrak{M}$ autour de O, et en portant sur cette perpendiculaire une longueur $OO_1 = \frac{\mathfrak{M}''}{R}$, $\mathfrak{M}''$ étant la projection de $\mathfrak{M}$ s un plan perpendiculaire à la résultante géométrique R.

Condition pour qu'il y ait, ou équilibre ou une résultante statique.

183. Cela posé :

1° Si le moment $\mathfrak{M}'$ du couple perpendiculaire à la résultante R est nul, R est une force unique équivalente aux forces données, ou c'est ce que nous appelons leur résultante statique. On voit que pour que des forces aient une résultante statique, il faut et il suffit que la projection, sur la direction de leur résultante géométrique, de leur moment linéaire result. $\mathfrak{M}$ autour d'un point O choisi arbitrairement, soit nulle, c'est-à-dire que ce moment linéaire soit lui même ou nul, ou perpendiculaire à la direction de la résultante. Et l'on obtient la situation de cette résultante, ou un point O_1 de la ligne suivant laquelle elle agit, en tirant, par celui O, une ligne OO_1 perpendiculaire à R et à $\mathfrak{M}$ et égale à $\frac{\mathfrak{M}}{R}$, dans un sens tel que le moment linéaire de R autour de O_1 soit opposé à $\mathfrak{M}$.

2° Si ce moment $\mathfrak{M}'$ n'est point nul, ou si celui $\mathfrak{M}$ obtenu en composant les momens des forces autour d'un point arbitraire O, et dont la projection sur la résultante géométrique R donne $\mathfrak{M}'$, n'est pas perpendiculaire à R, les forces n'ont pas de résultante.

3° Si l'on a à la fois $R = 0$ et $\mathfrak{M}' = 0$, et par conséquent $\mathfrak{M} = 0$ autour de tout point, les forces données sont en équilibre;.

Équilibre ou mouvement uniforme des machines simples supposées sans frottemens sensibles.

Principe général.

184. Bien que ce qui est relatif aux machines doive être traité dans une autre partie de cet ouvrage, nous ajouterons, ici, à ce que nous en avons dit au commencement du chapitre précédent (N.os 148 à 152), l'application élémentaire du principe des vitesses virtuelles à la détermination des conditions de l'équilibre, ou plutôt, de l'uniformité du mouvement des machines simples, telles que le levier, la poulie, le plan incliné, le treuil &c. dans l'hypothèse où l'on peut négliger les frottemens et où l'on n'a à considérer que deux forces travaillantes appelées la puissance et la résistance.

Observons d'abord que ces deux forces dont l'une imprime le mouvement, et l'autre y résiste ne sont pas les deux seules forces extérieures qui agissent sur une machine. Elle éprouve encore les réactions de certains points fixes, autour desquels elle tourne ou qui forment ensemble des surfaces sur lesquelles la machine roule ou glisse;. Sans ces points fixes, la puissance aurait besoin d'avoir toujours (N.o 172) même intensité et même direction que la résistance, tandis que, par leur moyen, elles peuvent avoir des directions et des rapports de grandeur quelconques. (1.)

Mais les réactions de points fixes, bien que pouvant être très considérables, ne fournissent pas de travail ou ne donnent que celui de quelques frottemens qui n'ont presque aucune influence dans certaines machines telles que le levier,

(1.) M. Poinsot (Statique 8.e Éd.n n.o 168) observe à ce sujet que les machines ne sont autre chose que des corps ou des systèmes gênés dans leurs mouvemens par des obstacles (points fixes) quelconques sur lesquels sont reportées les résultantes, en sorte que par leur moyen la puissance la plus faible peut faire équilibre à la résistance la plus grande.

et que, pour plus de simplicité, nous supposons ici négligeables dans toutes.

Soient P la puissance.

Q la résistance

p, q, les espaces respectivement parcourus par leurs points d'application dans un temps très petit, ces espaces étant projetés sur les directions des forces.

Puisque les autres forces extérieures ou intérieures agissant sur les diverses parties de la machine sont supposées ne donner aucun travail sensible, l'équation des vitesses virtuelles, nécessaire à l'équilibre, (N.os 161, 162) ou l'équation de transmission du travail, nécessaire (N.o 149) pour que le mouvement reste le même ou que la puissance vive acquise ne s'accroisse pas, sera $Pp - Qq = 0$, ou

$$Pp = Qq; \text{ d'où } \frac{P}{Q} = \frac{q}{p}$$

En sorte que la puissance et la résistance sont en raison inverse des petits espaces, que parcourent leurs points d'application dans le même temps, suivant leurs directions. C'est ce qu'on exprime quelquefois en disant que l'on gagne en force ce que l'on perd en vitesse (1).

Applications.

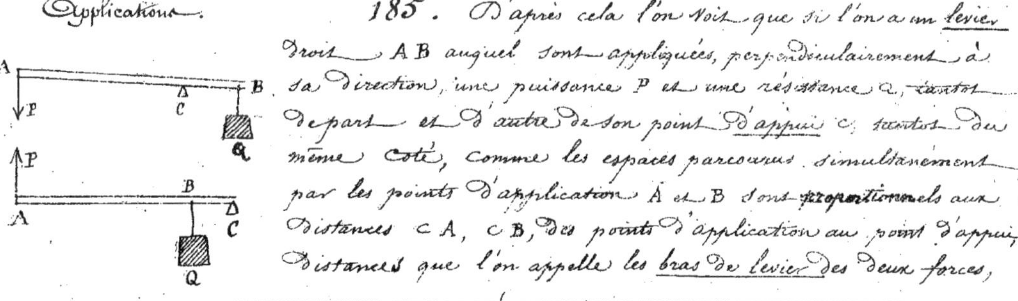

185. D'après cela l'on voit que si l'on a un levier droit AB auquel sont appliquées, perpendiculairement à sa direction, une puissance P et une résistance Q, ~~tantot~~ de part et d'autre de son point d'appui C, tantôt du même côté, comme les espaces parcourus simultanément par les points d'application A et B sont proportionnels aux distances CA, CB, des points d'application au point d'appui, distances que l'on appelle les bras de levier des deux forces,

(1.) Par le fait on gagne moins, car si l'on ne néglige pas les frottements, il faut ajouter leur travail au second membre Qq ce qui donne Q un peu moindre que $P\frac{p}{q}$, au lieu de lui être égal.

on voit que <u>pour l'équilibre il faut que la puissance et la résistance soient en raison inverse de leurs bras de levier.</u>

Si la résistance est un poids de 400 Kilogrammes agissant à l'extrémité d'un bras de levier d'un décimètre, il suffira d'exercer une puissance de 20 Kilogrammes au bout d'un bras de levier de deux mètres pour soulever ce poids: mais il faudra que la puissance parcoure 40 centimètres pour soulever le poids de 2 centimètre seulement.

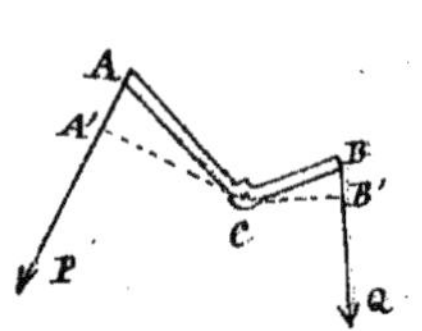

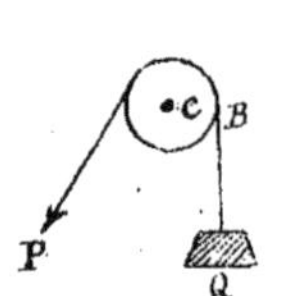

Si les forces n'agissent pas perpendiculairement au levier, ou si le levier est une ligne courbe ou une ligne brisée, le même principe sera vrai <u>mais en prenant pour les longueurs des bras de levier, les distances CA', CB' du point d'appui aux directions des deux forces.</u> On le démontre facilement en remarquant que la projection AD, sur AP, de l'espace AE parcouru par le point A autour du point fixe C, est à cet espace, comme CA' est à CA. Mais on le reconnait plus vite en se rappelant que l'équilibre exige (No. 163) l'égalité des momens opposés $P \times CA'$ et $Q \times CB'$ de la puissance et de la résistance autour du point ou de l'axe fixe C.

Si l'on a une <u>poulie fixe</u> c'est à dire dont le centre C soit immobile, les points d'application des forces P et Q agissant sur les deux extrémités de la corde qui y est enroulée, parcourent des espaces égaux, dans les directions mêmes de ces forces. L'équilibre, ou la continuation uniforme du mouvement une fois imprimé a donc simplement pour condition (en négligeant le frottement sur l'axe et la roideur de la corde)

$$P = Q$$

ou la puissance égale à la résistance.

Se.

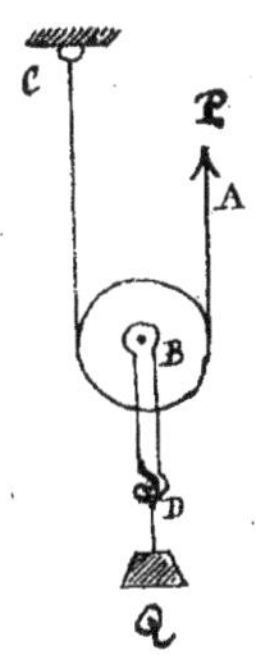

Si l'on a une poulie mobile, au centre B de laquelle agit de haut en bas une résistance verticale Q au moyen de la chape BD de la poulie, tandis qu'une puissance P aussi verticale agit de bas en haut sur une extrémité A de sa corde, dont l'autre extrémité se retournant verticalement, est attachée à un point fixe C, il est facile de voir que le point A parcourra des espaces constamment doubles de ceux parcourus par le point D ou B. On aura donc

$$Q = 2P;$$

la puissance ne sera que moitié de la résistance.

On obtiendra avec la même facilité la condition d'équilibre ou d'uniformité de mouvement, de tous les systèmes de poulies mobiles et de poulies fixes appelés moufles. Les rapports de la puissance à la résistance seront toujours inverses des espaces parcourus.

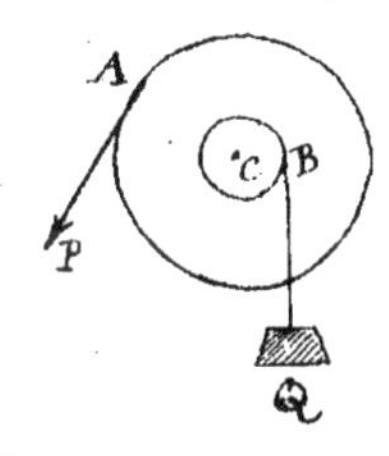

Si l'on a un treuil composé d'une roue à la circonférence de laquelle est appliquée, par une corde une puissance P, tandis qu'une résistance Q agit en B à la circonférence de son arbre, tournant avec la roue autour d'un axe C, le principe du N.° précédent comme le théorème des momens, montre que la puissance est à la résistance comme le rayon de l'arbre est au rayon de la roue.

Le même rapport s'observe dans les cabestans, où la roue est remplacée par des barres engagées dans l'arbre, et sur les extrémités desquelles la puissance agit.

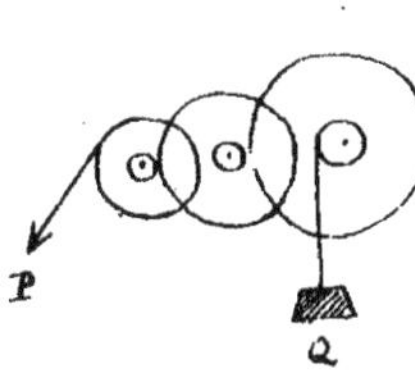

Si l'on a un appareil composé d'un nombre quelconque de treuils et si l'on a denté une partie des roues ainsi qu'une partie des arbres, de manière que la circonférence de l'arbre de chaque treuil, en parcourant un certain espace, fasse parcourir un espace égal à la circonférence de la roue du treuil suivant, il est facile de voir que les espaces parcourus par le point d'application de la puissance, appliquée à la première roue, et par le point d'application de la résistance, appliquée au dernier arbre seront entre eux comme les produits des rayons des roues par les produits des rayons des arbres. C'est aussi, d'après le principe du No. précédent, le rapport de la résistance à la puissance.

Si l'on a un plan incliné AB sur lequel roule une voiture ou glisse sans frottement un autre corps pesant quelconque D tiré par une puissance P parallèle au plan, l'espace DE parcouru dans la direction de la puissance est à sa projection verticale DH qui est l'espace parcouru dans la direction de la résistance Q supposée n'être que le poids du corps, comme la hauteur BC du plan est à sa longueur. C'est aussi, le rapport de la résistance à la puissance.

Si l'on a une vis qui tourne dans un écrou immobile, au moyen d'une force appliquée à l'extrémité d'une barre perpendiculaire à son axe, il est évident que lorsque la vis aura avancé d'une longueur égale à son pas, c'est à dire à l'intervalle d'un filet au filet suivant le point d'application de cette force aura parcouru une circonférence entière.

On voit donc de suite au moyen du principe des vitesses virtuelles, particularisé comme on l'a fait au No. précédent (et sans être obligé de voir, dans la vis, une combinaison du plan incliné et du treuil comme on le fait quelquefois) que la pression exercée par l'extrémité de la vis dans la direction de son axe, est à la puissance qui la fait tourner, comme la circonférence parcourue par le point d'application de celle-ci est au pas de la vis.

Le même principe du No. précédent peut servir à réduire à une question de géométrie très élémentaire la détermination du rapport de la puissance à la résistance pour toute machine simple & composée. Mais les frottemens, que l'on néglige ainsi, jouent un rôle important dans le plan incliné, la vis et ont encore de l'influence ainsi que la roideur des cordes, dans les mouffles, le treuil &c.

Aussi nous bornons à ces quelques mots la théorie élémentaire des machines simples, et nous renvoyons à une autre partie de cet ouvrage la détermination des conditions d'équilibre et de mouvement uniforme des machines en tenant compte, suivant les principes exposés aux N.os 140 à 144, de tout ce qui peut influer sur les résultats, au degré d'approximation dont on a besoin dans la pratique.

Fin.

Imp. Aut. Hazet-Jacquemard, Avenue de St Cloud, 19, à Versailles.

www.ingramcontent.com/pod-product-compliance
Ingram Content Group UK Ltd.
Pitfield, Milton Keynes, MK11 3LW, UK
UKHW012031240726
13965UKWH00002B/703